AF551409

EUL
VERLAG

Marc Jizba

Die Nachhaltigkeitsleistung der deutschen DAX30-Unternehmen

Eine kritische Bewertung des Status Quo mit Hilfe des Sustainable-Value-Added-Konzepts

Bibliografische Information der Deutschen Nationalbibliothek

Die Deutsche Nationalbibliothek verzeichnet diese Publikation in der Deutschen Nationalbibliografie; detaillierte bibliografische Daten sind im Internet über <http://dnb.d-nb.de> abrufbar.

ISBN 978-3-8441-0366-3
1. Auflage November 2014

JOSEF EUL VERLAG GmbH
Brandsberg 6
53797 Lohmar
Tel.: 0 22 05 / 90 10 6-6
Fax: 0 22 05 / 90 10 6-88
E-Mail: info@eul-verlag.de
http://www.eul-verlag.de

Bei der Herstellung unserer Bücher möchten wir die Umwelt schonen. Dieses Buch ist daher auf säurefreiem, 100% chlorfrei gebleichtem, alterungsbeständigem Papier nach DIN 6738 gedruckt.

Vorwort

Nachhaltige Entwicklung hat als Ziel, die Generationengerechtigkeit herzustellen und unter der Voraussetzung des Kapitalerhalts der Biosphäre sowie einer fairen Verteilung der Ressourcen ein dauerhaft friedliches und freies Zusammenleben auf der Erde zu ermöglichen. Die Zielsetzung lässt keine Zweifel daran, dass es sich dabei um eine gesellschaftliche Querschnittsaufgabe handelt. Dies und die breite gesellschaftliche Zustimmung führten dazu, dass das Gebiet der Nachhaltigkeit heute in vielen Bereichen der Wissenschaft eines der dynamischsten Forschungsfelder ist.

Aufgrund der gesellschaftlichen Relevanz war es mir ein Anliegen, mit dieser Arbeit zur aktuell geführten Nachhaltigkeitsdiskussion mit neuen Erkenntnissen beizutragen. Die erste persönliche Erfahrung im Zuge dessen war jedoch, dass die wissenschaftliche Auseinandersetzung, mit einem aus dem persönlichen Interesse getriebenen Thema, nicht immer ein einfaches Unterfangen ist. Vor allem der losgetretene dynamische Such- und Lernprozess führte dazu, dass in kürzester Zeit neue Ansichten und Ideen geboren wurden, die zeitweise das Festlegen von Grenzen stark erschwerten. Rückblickend waren jedoch genau diese Grenzen entscheidend für den Erfolg der Arbeit, indem sie halfen, Klarheit und Struktur in die Forschung zur Nachhaltigkeitsthematik einzubringen.

Letztendlich wird den Unternehmen einer Volkswirtschaft eine Schlüsselposition unter den verschiedenen gesellschaftlichen Akteuren zuteil. Dabei war zu beobachten, dass die Wissenschaft bei dem Versuch, die Nachhaltigkeitsleistung von Unternehmen zu bewerten, immer wieder an ihre Grenzen stößt. Um diesem aktuellen Problem zu entgegnen, wird in dieser Arbeit ein relativ neues Konzept – der Sustainable-Value-Ansatz – eingesetzt und weiterentwickelt. Dazu wird in Form einer empirischen Studie die Bewertung der Nachhaltigkeitsleistung der DAX30-Unternehmen vorgenommen. Der entsprechende theoretische Grundstein wird durch eine gründliche Aufarbeitung der Nachhaltigkeitsthematik gelegt. Zu diesem Zweck wird die Herleitung ausgehend von der ethischen Diskussion, über die Unternehmensethik, hin zur aktuellen Nachhaltigkeitsdiskussion geführt.

Osthofen, November 2014 *Marc Jizba*

Inhaltsverzeichnis

Abbildungsverzeichnis

Tabellenverzeichnis

Abkürzungsverzeichnis

AA	AccountAbility
Abb	Abbildung
AG	Aktiengesellschaft
ACCA	Association of Chartered Certified Accountants
BIP	Bruttoinlandsprodukt
BRD	Bundesrepublik Deutschland
CC	Corporate Citizenship
CEFIC	European Chemical Industry Council
CEO	Chief Executive Officer
CG	Corporate Governance
COP	engl. Communication on Progress
CO_2	Kohlenstoffdioxid
CS	Corporate Sustainability
CSR	Corporate Social Responsibility
DAX	Deutscher Aktienindex
DJSI	Dow Jones Sustainability Index
DNK	Deutscher Nachhaltigkeitskodex
EKV	Ertrags-Kosten-Verhältnis
FTE	engl. full-time equivalent
FuE	Forschung und Entwicklung
GuV	Gewinn- und Verlustrechnung
GRI	Global Reporting Initiative
G3	Dritte Version der GRI Guidelines
G4	Vierte Version der GRI Guidelines
HDI	Human Development Index
IASB	International Accounting Standards Board
IDW	Institut der Wirtschaftsprüfer
IFRS	International Financial Reporting Standards
ISO	International Organization for Standardization
ILO	International Labour Organization
IPCC	Intergovernmental Panel on Climate Change

KPI	Key Performance Indicator
mSVA	modifizierter SVA / modified SVA
NGO	engl. non-government organization
NKS	Nationale Kontaktstellen (für OECD-Leitlinien)
NO_x	Stickoxide
OECD	Organisation für wirtschaftliche Zusammenarbeit und Entwicklung
SA	Social Accountability
SO_x	Schwefeloxide
SR	Social Responsibility
SVA	Sustainable Value Added
t	Tonne (Gewichtseinheit)
Tab.	Tabelle
TBL	Triple Bottom Line
UN	Vereinte Nationen
UNGC	United Nations Global Compact
UNDP	United Nations Environmental Programme
UNEP	United Nations Development Programme
VOC	Flüchtige organische Verbindungen
WBCSD	World Business Council for Sustainable Development
WWF	World Wide Fund For Nature

1. Einführung

1.1. Ausgangssituation

Ausdrücke wie „alles ist vergänglich", „alles hat ein Ende" oder „nichts hält für immer" sind Sätze, die die meisten Deutschen bereits in ihrer Jugend zu hören bekamen. Dass es jedoch irgendwann mal so weit sein könnte, dass die Menschheit als vergänglich oder als „am Ende" bezeichnet wird, daran möchte niemand denken. Momentan sind wir laut vielen Wissenschaftlern allerdings auf dem besten Weg dorthin. Bisher haben Meteorologen, Chemiker, Geologen, Physiker, Zoologen, Biologen, Astronomen, Psychologen, Wirtschaftswissenschaftler und viele mehr ihre Meinungen dazu geäußert, wie der Planet am besten gerettet werden könnte. Das ist nicht verwunderlich, denn es gibt kein Problem, das globaler ist. Umso wichtiger ist es, den nötigen Diskurs zwischen allen Disziplinen zu führen.[1] Vermutlich ist der universelle Zugang zum Thema auch der Grund, weshalb Nachhaltigkeit nicht nur aktuell reichlich Diskussionsstoff bietet, sondern es sich scheinbar auch als der Megatrend der kommenden Jahre durchgesetzt hat.[2]

Der Wirtschaftswissenschaft sollte dabei dennoch eine gesonderte Rolle zukommen. Erst durch sie wurde der Punkt erreicht, an dem sich die Menschheit heute befindet: An einer Grenzüberziehung.[3] Das bedeutet, dass unser Ressourcenverbrauch die Biokapazität der Erde übersteigt. Laut einer Studie benötigen wir demnach 1,47 Planeten, um unseren aktuellen Ressourcenkonsum dauerhaft erhalten zu können.[4] Dabei sind die Folgen eines Zusammenbruchs des Ökosystems bekannt und konnten bereits auf mehreren Inselstaaten beobachtet werden. Als Beispiel soll an dieser Stelle die Osterinsel (Rapa Nui) dienen, deren Geschichte von den Medien immer häufiger aufgegriffen und mit unserem aktuellen Ressourcenverbrauch in Verbindung gebracht wird. Dabei wurde auf der Insel bis auf den letzten Baum jede natürliche Ressource aufgebraucht. Kurz vor der absoluten Ressourcenknappheit führten die Stammesführer Kriege, um die letzten Rohstoffe, bis schlussendlich auch diese auf-

[1] Vgl. Kluger (2011), S. 1
[2] Vgl. Arnsfeld / Peters / Wübben (2011), S. 80
[3] Vgl. Randers (2013), S. 15
[4] Vgl. o.V. (2012): [WWF], S. 135 ff.

gezehrt waren.[5] Glaubt man der Zeitung *Wirtschaftsblatt*, dann scheint heute im globalen Großversuch genau das stattzufinden, was bereits damals auf einer einsamen Insel passierte.[6] Ein Bericht des Weltklimarats gibt zwar Hoffnung, denn dieser vertritt die Meinung, dass ein Klimawandel noch zu mäßigen wäre. Er weist allerdings auch klar darauf hin, dass die Zeit knapp wird. Somit wird die Lösungsfindung deutlich erschwert, je länger man wartet und untätig bleibt. Man muss agieren.[7]

In der Kritik stehen dabei hauptsächlich die großen Konzerne, auf die ein Großteil des Ressourcenverbrauchs zurückzuführen ist.[8] Diese befinden sich seit der Finanzkrise ohnehin oft am Pranger, weil ihnen unverantwortliches, eigennütziges und unethisches Handeln vorgeworfen wird. Hardtke und Kleinfeld sehen deswegen die Finanzkrise als Schlüsselmoment für die Nachhaltigkeitsdiskussion und vergleichen ihn mit dem Aufwachen von Dornröschen. Aktuell befinden wir uns in einer offenen wirtschaftsethischen Diskussion, in der sich die Einsicht durchsetzt, dass die wirtschaftliche Ausrichtung an ethischen Werten und Prinzipien eine Voraussetzung für langfristigen unternehmerischen Erfolg ist.[9]

Überraschenderweise gab es bisher noch kein Modell, um die Nachhaltigkeitsleistung von Unternehmen transparent, vergleichbar und eindeutig zu messen. Dabei sind vor allem immer wieder Probleme bei der objektiven Bewertung der Umwelt- und Sozialleistung eines Unternehmens festzustellen. In dieser Arbeit wird deswegen zu dieser Bewertung ein neues Konzept – der Sustainable-Value-Ansatz – eingesetzt, das die Nachhaltigkeitsleistung von Unternehmen erstmals in die Sprache von Managern und Investoren übersetzen kann – in Währungseinheiten (z.B. Euro).[10]

Um die Leistungskraft des neuen Ansatzes darzustellen, vergleicht diese Arbeit die Nachhaltigkeitsleistung der Unternehmen des deutschen Leitindex (DAX30) mit der, der gesamten deutschen Volkswirtschaft. Dabei wird untersucht, wie gut die Unternehmen im Vergleich zum Rest der deutschen Volkswirtschaft ihre Ressourcen einsetzen. Im Zuge der Analyse soll außerdem herausgearbeitet werden, ob die DAX30-

---

[5] Vgl. Robinson (2014)
[6] Vgl. Hahn (2014)
[7] Vgl. Dehmer (2014)
[8] Vgl. o.V. (2013), [CDP], S. 2
[9] Vgl. Hardtke (2010), S. 5
[10] Vgl. Hahn / Liesen (2007), S. 13

Unternehmen eine nachhaltige Entwicklung in der deutschen Wirtschaft vorantreiben, oder eher bremsen. Die Nachhaltigkeitsleistung wird dabei in Euro ausgedrückt, was die Interpretation der Ergebnisse in der Wirtschaftswelt wesentlich vereinfacht.

1.2. Ziele und Aufbau der Arbeit

Die vorliegende Thesis setzt sich mit dem Thema Nachhaltigkeit auseinander. Ziel der Arbeit ist es, den Leser zunächst an die Thematik der Nachhaltigkeit heranzuführen und Schlüsselbegriffe zu erläutern. Dazu wird die Herleitung ausgehend von der ethischen Diskussion im Allgemeinen, über die Unternehmensethik im Speziellen, hin zur aktuellen Nachhaltigkeitsdiskussion geführt. Anschließend wird im empirischen Teil dieser Untersuchung der neue Bewertungsansatz des Sustainable-Value-Added vorgestellt, auf dessen Grundlage letztendlich die Bewertung der Nachhaltigkeitsleistung der deutschen DAX30-Unternehmen erfolgt. Das Ziel dabei ist, aktuelle Fehlentwicklungen aufzuzeigen und die Nachhaltigkeitsdiskussion mit Hilfe des neuen Bewertungsinstruments auf eine neue Ebene zu bringen. Dazu werden erstmals die verschiedenen Dimensionen der Nachhaltigkeit einzeln sowie integriert analysiert. Außerdem stellt sich die Frage, ob die deutschen DAX30-Unternehmen tatsächlich so nachhaltig arbeiten, wie deren Nachhaltigkeitsberichten zu entnehmen ist.

In Kapitel 2 werden dazu die theoretischen Grundlagen vorgestellt, auf der der Nachhaltigkeitsgedanke und die Unternehmensethik aufbauen. Hierbei wird auf ethische Begrifflichkeiten und Ansichten eingegangen, die im weiteren Verlauf für das Verständnis und die Verknüpfung der Themen wichtig sind.

Kapitel 3 überführt die ethischen Grundlagen in das Konzept der Nachhaltigkeit. Anschließend werden die für diese Arbeit relevanten Konzepte und Handlungsempfehlungen vorgestellt. Zum Abschluss des Kapitels wird der Status Quo der Nachhaltigkeitsdiskussion beleuchtet und es werden kritische Entwicklungen aufgezeigt.
In Kapitel 4 wird der neue Bewertungsansatz des Sustainable Value Added erläutert und anhand von Beispielen verdeutlicht. Das darauffolgende Kapitel setzt den Rahmen der durchgeführten Untersuchung fest, deren Ergebnisse in Kapitel 6 vorgestellt, interpretiert und kritisch bewertet werden.

Kapitel 7 stellt aktuelle Probleme der nachhaltigen Entwicklung in Verbindung mit Erkenntnissen der Analyse dar und leitet daraus einen möglichen Lösungsansatz ab, um diese Herausforderungen mit Hilfe des Sustainable-Value-Ansatzes zukünftig anzugehen. Abschließend fasst Kapitel 8 die Arbeit und gemachte Beobachtungen thesenförmig zusammen.

2 Unternehmensethik und moralische Hintergründe

Unternehmen stehen in den letzten Jahren öfter und mit schärferen Anschuldigungen am öffentlichen Pranger, als je zuvor.[11] Immer mehr Medien und die Populärkultur im Allgemeinen greifen das Thema auf und sind mit Negativbeispielen von Unternehmenshandlungen gespickt. In der öffentlichen Diskussion schürte vor allem die Finanzkrise viele tiefergehende Fragen und Ressentiments gegenüber der Funktion und dem Funktionieren von Märkten. Seitdem wird kontinuierlich diskutiert, ob das Streben der Unternehmen nach immer mehr Profit wirklich zum (ökonomischen) Wohlstand einer Volkswirtschaft beiträgt oder die andauernde Finanzkrise die Rechnung für jahrelanges nicht nachhaltiges Wirtschaften und das systematische Eingehen immer größerer Risiken ist.[12]

Eine der wenigen Antworten, die auf solche Fragen bisher geliefert wurde, ist, dass deren Handlungsweisen nur in den wenigsten Fällen justiziabel sind.[13] So kündigte zum Beispiel Schlecker betriebsbedingt zahlreiche Mitarbeiter, um sie anschließend durch eine eigene Personalservice-Agentur (zu deutlich schlechteren Konditionen und Gehältern) wieder einzustellen. Auch dabei wurde gegen kein Gesetz verstoßen: Weder gegen Arbeitsrechte, noch gegen das Kündigungsschutzgesetz. Trotzdem empfinden viele Menschen ein solches Verhalten von Unternehmen als falsch und nicht moralisch.[14]

Es kommt die Frage auf: Was ist eigentlich moralisches Handeln?

Dieses Kapitel beschäftigt sich damit, diese grundlegende Frage der Ethik zu beantworten und im Kontext von Unternehmen (Unternehmensethik) zu konkretisieren. Dabei wird im Besonderen auf die Stakeholder von Unternehmen eingegangen, da diese in der Nachhaltigkeitsdiskussion eine wesentliche Rolle spielen.

---

[11] Vgl. Göbel (2010), S. 1
[12] Vgl. Wicks et al. (2009), S. XV
[13] Vgl. Göbel (2010), S. 1
[14] Vgl. Göbel (2010), S. 1f

2.1 Definition Ethik

„Wie soll ich handeln?“[15] ist die häufig von Kant zitierte Grundfrage der Ethik. Damit bringt er zweierlei zum Ausdruck: Freiheit und Verpflichtung.[16]

Freiheit bedeutet das bewusste Treffen von Entscheidungen und das freiwillige Tätigwerden von Menschen. Moralische Überlegungen sind deswegen laut Kant nur möglich, wenn Handlungsalternativen bestehen. Aus der Freiheit ergeben sich jedoch auch Verpflichtungen, welche diese wiederum einschränken. Zum einen muss in einer Gesellschaft zunächst eine Ordnung geschaffen werden, die das Herbeiführen erstrebenswerter Zustände (Freiheit, Frieden, Sicherheit, Wohlstand) ermöglicht. Innere Verpflichtungen des Menschen führen jedoch dazu, dass die Freiheit eingeschränkt wird. Da der Mensch nicht nur beabsichtigt gut zu handeln und gute Zustände herbeizuführen, sondern auch von seinem Wesen her gut zu sein (edel, wertvoll, sittlich, tüchtig), hält er sich an die Verpflichtungen. Dieses „gut sein“ beschreibt eine Grundhaltung, welche eine innere Verpflichtung (Ethos) darstellt, die dafür verantwortlich ist, dass wir moralisch handeln wollen.[17]

Faust konkretisiert die Grundfrage von Kant wie folgt: „Ethik ist die Lehre vom richtigen handeln“.[18] Dabei sagt uns die Ethik allerdings nicht konkret, wie wir handeln sollen, sie lehrt uns also nicht fertige Urteile,[19] „sondern das ‚Urteilen‘ selbst“.[20] Als Teil der praktischen Philosophie sucht die Ethik nach Maßstäben für ein gutes und rechtfertigungsfähiges Verhalten.[21] Dadurch schafft sie die Voraussetzungen, dass wir unser Tun und unsere Entscheidungen rechten Wissens und Gewissens, also moralisch richtig, treffen können. An dieser Stelle macht es Sinn, die im allgemeinen Sprachgebrauch oft gleichgesetzten Begrifflichkeiten von Moral und Ethik zu trennen. Denn während mit Moral „die in einer Gruppe oder Organisation tatsächlich geltenden und notfalls erzwingbaren Normen“[22] bezeichnet werden, beschäftigt sich die Ethik mit der Frage nach der philosophischen Begründung von moralischen Normen

[15] Geiselhart (2012), S. 75
[16] Vgl. Göbel (2010), S. 6
[17] Vgl. Göbel (2010), S.6 f.
[18] Faust (2003), S. 18
[19] Vgl. Berkel / Herzog (1997), S. 43
[20] Hartmann (1962), S. 3
[21] Vgl. Faust (2003), S. 18
[22] Berkel / Herzog (1997), S. 43

und Forderungen.[23] Somit kann Ethik als die „kritische Hinterfragung herrschender Moral“[24] definiert werden.

Beim Begründen der Moral muss allerdings beachtet werden, dass diese sich aus der äußeren und inneren Moral zusammensetzt. Aufgrund jenes Zusammenspiels kann die Moral zu keinem Zeitpunkt auf einen gerade gültigen Komplex von Normen, Werten und Grundeinstellungen beschränkt werden, sondern benötigt stets eine Bewertung der geltenden Moral mit seinem Ethos (der inneren Moral).[25] Dabei sind äußere und innere Moral in einer Art Zirkelstruktur voneinander abhängig.[26] [27] Diese Abhängigkeit wird in Abbildung 1 veranschaulicht:

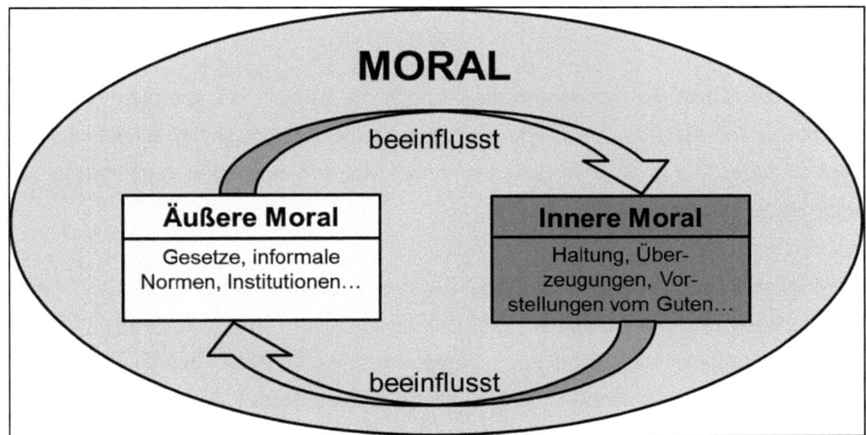

Abbildung 1: Zusammenhang zwischen äußerer und innerer Moral
Quelle: Eigene Darstellung in Anlehnung an Göbel (2010), S. 13

Bei der Bewertung von Moral werden, wie in Abb. 1 dargestellt, im Besonderen die Unterschiede zwischen äußerer und innerer Moral betrachtet. Dem Gesetz kann man beispielsweise aufgrund von Angst vor Strafe rein äußerlich Folge leisten. Um sich moralisch richtig zu verhalten, ist jedoch die innere Überzeugung, gut handeln zu wollen, insbesondere dann unerlässlich, wenn man nicht dazu gezwungen ist. Bei zu

---

[23] Vgl. Berkel / Herzog (1997), S. 43
[24] Faust (2003), S. 18
[25] Vgl. Göbel (2010), S. 13
[26] Vgl. Höffe (1979), S. 50 ff.
[27] Vgl. Faust (2003), S.18

großen gesellschaftlichen Differenzen zwischen innerer und äußerer Moral können Konflikte entstehen, die aufgrund von veränderten Lebensbedingungen oder empirischen Erkenntnissen zu Neuschöpfungen von neuen sittlichen Normen und Gesetzen führen.[28] Interessant im Zusammenhang mit der Nachhaltigkeitsdiskussion ist die Wahrnehmung der Öffentlichkeit als Ort der Moral. Dazu schrieb Kant: „Alle auf das Recht anderer Menschen bezogene Handlungen, deren Maxime sich nicht mit der Publizität verträgt, sind unrecht.“[29] Dies bringt zum Ausdruck, dass Maximen, die lieber geheim gehalten werden, um öffentlichen Widerstand zu vermeiden, ein starkes Indiz für eine moralische Ungerechtigkeit sind.[30]

Um die soeben näher gebrachte Moral kritisch zu hinterfragen, lassen sich drei Formen der Ethik unterscheiden:[31]

Deskriptive Ethik: Ist die empirische Disziplin der Ethik.[32] Sie analysiert und vergleicht die moralischen Wert- und Normensysteme in bestimmten Gesellschaften oder Gruppen. Die deskriptive Ethik beschreibt, wie gehandelt wird, entzieht sich jedoch wertenden Aussagen.[33]

Normative Ethik: Sie sucht auf Basis der Ergebnisse der deskriptiven Ethik nach den richtigen, sittlichen Sollaussagen. Ziel ist es, einen festen und verbindlichen Maßstab für moralisches Handeln zu finden, um somit die Praxis bewerten, orientieren und verbessern zu können.[34] Dazu analysiert und reflektiert sie kritisch die Prinzipien der Sittlichkeit und den Maßstab für moralisches Handeln.[35]

Metaethik: Ziel der Metaethik ist es nicht, inhaltliche Aussagen über das sittliche Gute zu treffen, sondern die semantische Bedeutung ethischer Aussagen zu untersuchen.[36] So hinterfragt sie die Ethik an sich, anstelle der Moral.[37] Staffelbach

[28] Vgl. Göbel (2010), S. 12 f.
[29] Kant (1974), S. 101
[30] Vgl. Göbel (2010), S. 35
[31] Vgl. Faust (2003), S. 18
[32] Vgl. Göbel (2010), S. 14 f.
[33] Vgl. Faust (2003), S. 18
[34] Vgl. Göbel (2010), S. 15
[35] Vgl. Pech (2007), S. 34
[36] Vgl. Faust (2003), S. 18
[37] Vgl. Göbel (2010), S. 16

bezeichnet die Metaethik als Wissenschaftstheorie der Ethik.[38] Obwohl die Metaethik von Natur aus eine ethisch neutrale Sprachwissenschaft ist, hat sie auch für die normative Ethik eine hohe Bedeutung, da nicht wahrheitsfähige Aussagen schwer zu begründen sind.[39] Im Umkehrschluss begründet die Metaethik also bestehende Normen.[40]

In Tabelle 1 werden die zentralen Fragen der drei Formen nochmals übersichtlich dargestellt:

Form	Zentrale Fragestellung
Deskriptive Ethik	Was wird für das Gute gehalten?
Normative Ethik	Was ist das Gute?
Metaethik	Sind Aussagen über das Gute wahrheitsfähig?

Tabelle 1: Zentrale Fragestellungen der Ethikbereiche
Quelle: Eigene Darstellung in Anlehnung an Göbel (2010), S. 17

Seit Mitte der achtziger Jahre hat sich in der Unternehmensethik die Form der normativen Ethik durchgesetzt.[41] Da das nächste Kapitel die Unternehmensethik behandelt, werden nun abschließend zur allgemeinen Ethik die Argumentationsmöglichkeiten der normativen Ethik erörtert. Dabei unterscheidet man zwischen der deontologischen und der teleologischen Argumentation.[42]

Der deontologische Ansatz (Pflichtenethik)

Die deontologische Ethik ist eine Ethik, die verbindliche Pflichten entwickelt (griechisch: to déon = die Pflicht).[43] Dabei wird die Richtigkeit einer Handlung nach den jeweils befolgten Prinzipien bemessen.[44] Dementsprechend wird richtiges Handeln lediglich nach der guten Absicht beurteilt, auch wenn die eventuellen Konsequenzen der Befolgung eines Prinzips schlechter sind als die einer Nichtbefolgung.[45] Der Fokus liegt also auf jeder einzelnen Handlung, ohne Betrachtung der entstehenden

[38] Vgl. Staffelbach (2994), S. 146
[39] Vgl. Göbel (2010), S. 16 f.
[40] Vgl. Pech (2007), S. 34
[41] Vgl. Kolbeck (1997), S. 95
[42] Vgl. Faust (2003), S. 19
[43] Vgl. Göbel (2010), S. 23
[44] Vgl. Faust (2003), S. 19
[45] Vgl. Birnbacher (1997), S. 49

Konsequenzen. Dies führt dazu, dass Entscheidungen eher auf intrinsischer Moral basieren und der Ansatz dadurch als statisch bezeichnet wird.[46] Dies ist auch ein zentraler Kritikpunkt dieses Ansatzes, da er eine Immunität zur Einbeziehung der dynamischen gesellschaftlichen Wertvorstellungen aufweist – gerade diese Perspektive ist jedoch für Organisationen und die Nachhaltigkeit besonders relevant.[47]

Der teleologische Ansatz (Folgenethik)

Die teleologische Ethik beurteilt eine Handlung abhängig von deren Folgen und Konsequenzen (griechisch: télos = Ziel, Zweck).[48] Sie ist durch den Utilitarismus geprägt, wodurch eine Handlung erst als moralisch gut bewertet wird, wenn durch diese das Wohlergehen aller Betroffenen gesteigert wird.[49] Demnach ist das Maximieren der menschlichen Glücksseligkeit das höchste aller Ziele.[50] Zusätzlich betonte Höffe, dass dabei nicht nur die aktuelle Generation, sondern auch zukünftige Generationen berücksichtigt werden müssen[51] – ein wichtiger Aspekt für das Thema dieser Arbeit. Aufgrund der Ungewissheit der Folgen einer Handlung, da diese oft von mehreren Entwicklungen abhängen, bringt der teleologische Ansatz Schwierigkeiten mit sich.[52] Ein weiterer Kritikpunkt ist die Bewertung der Verteilung des gewonnenen Nutzens. Demnach ist es unerheblich, „ob großer Nutzen auf einige Wenige oder kleiner Nutzen auf Viele verteilt wird."[53] Eine solche Argumentation entspricht jedoch nicht dem Gerechtigkeitsverständnis der Ethik.[54]

Aufgrund der Vor- und Nachteile auf beiden Seiten ist es deswegen notwendig, immer beide Ansätze wechselseitig anzuwenden und einander gegenüberzustellen.[55] In der Praxis wird allerdings aufgrund des höheren Wirklichkeitsbezugs und der Orientierung an den Konsequenzen einer Handlung der teleologische Ansatz bevorzugt und spielt dementsprechend eine wichtigere Rolle.[56]

[46] Vgl. Kissick (2012), S. 16
[47] Vgl. Göbel (2010), S. 19 f.
[48] Vgl. Göbel (2010), S. 25
[49] Vgl. Faust (2003), S. 20
[50] Vgl. Kissick (2012), S. 16
[51] Vgl. Höffe (1981), S. 54 f.
[52] Vgl. Göbel (2010), S. 25 f.
[53] Faust (2003), S. 20
[54] Vgl. Faust (2003), S. 20
[55] Vgl. Berkel/Herzog (1997), S. 49
[56] Vgl. Faust (2003), S. 20 f.

2.2 Unternehmensethik

Als praxisbezogene, angewandte Ethik ist die Unternehmensethik eine eigenständige Disziplin und fungiert als Schnittstelle zwischen Wirtschaftswissenschaften und Philosophie.[57] Zurzeit erfährt die Unternehmensethik in der wissenschaftlichen Diskussion und der Unternehmenspraxis einen erheblichen Bedeutungszuwachs. In der Praxis wird sich bei der Betrachtung des wirtschaftlichen Handels hauptsächlich auf normative und teleologische Fragestellungen konzentriert.[58] Küpper definiert den Gegenstandsbereich der Unternehmensethik als „Untersuchung normativer Fragestellungen des wirtschaftlichen Handelns von, sowie in Unternehmen."[59]

2.2.1 Ansätze der Unternehmensethik

Im deutschsprachigen Raum werden hauptsächlich die drei Ansätze der Wissenschaftler Karl Homann, Peter Ulrich und Horst Steinmann in der Unternehmensethik diskutiert und nun im Einzelnen kurz vorgestellt:

Peter Ulrich: Unternehmensethik als Institutionsethik

Peter Ulrich vertritt den radikalsten der drei Ansätze, indem er die derzeitige Wirtschaftsweise generell in Frage stellt. Seine Argumentation beruht auf der Beobachtung, dass die Wertfrage (also die Ethik) systematisch aus der Wirtschaft hinausgedrängt wurde und wirtschaftliche Ziele derzeit lediglich dem quantitativ kalkulierbaren Erfolgsprinzip entsprechen müssen. Während ursprünglich die Wirtschaft durch „Wertschaffen" das Leben bereichern sollte, werden nun durch den Sachzwang abträgliche Folgen von den Unternehmen externalisiert und auf eine Volkswirtschaft bzw. Gesellschaft übertragen. Demnach stehen sich im wirtschaftlichen Gedankengut die ökonomische Rationalität (Effizienz) und die außerökonomische Moralität (Humanität) gegenüber,[60] woraus Ulrich das Grundproblem der Wirtschaftsethik definiert: „Wie kann es ihr im Ansatz gelingen, das Wirtschaftliche und das ethisch-praktisch Wertvolle in moderner Weise zusammenzudenken?"[61] Eine Verbindung der beiden Pole hält Ulrich vor allem für notwendig, da jedes Wirtschaften Konsequenzen nach sich zieht, die von der gesamten Gesellschaft getragen werden müssen. Ergebnis dessen, wäre die sozialökonomische Vernunft. Die nimmt allerdings nicht nur

[57] Vgl. Kunze (2008), S. 106
[58] Vgl. Pech (2007), S. 1 ff.
[59] Küpper (2006), S. 29
[60] Vgl. Berkel / Herzog (1997), S. 55 f.
[61] Ulrich (1988), S. 6 f.

die Wirtschaft, sondern auch die Bürger als letzte Legitimationsinstanz in die Pflicht, einen vernunftgeleiteten Konsens (durch Diskurs) zu erlangen[62] – also durch öffentlichen Diskurs mit „der unbegrenzten kritischen Öffentlichkeit aller mündigen Personen einer freiheitlich-demokratischen Gesellschaft [...].“[63]

Karl Homann: Unternehmensethik als ökonomische Ethik

Im Gegensatz zu Ulrich geht Homann von der Unveränderlichkeit des marktwirtschaftlichen Systems aus und baut darauf seine Theorie auf.[64] Leistungswille, Gewinnstreben und Konkurrenz sind seiner Meinung nach notwendig, um in einer freien Marktwirtschaft den Wohlstand aller zu erhöhen. Dies basiert jedoch auf der idealtypischen Annahme, dass sich eine Gesellschaft auf gemeinsame Regeln einigen kann, die kein Mitglied benachteiligen. Solange sich alle an die daraus entstehende Rahmenordnung halten, steigt der Wohlstand für alle und stellt somit die Grundlage für Freiheit her. Unternehmensethik würde somit lediglich sekundär auftreten, wenn die Rahmenordnung Lücken aufweist. In der Realität ist die Gesetzgebung jedoch langsamer als wirtschaftliche Entwicklungen[65], weshalb Homann die Unternehmen wie folgt in der Verantwortung sieht: „Bei Defiziten der Rahmenordnung ergeht an die Unternehmen der Auftrag, die im Normalfall an die Ordnungsebene abgegebene Verantwortung wieder auszuüben, um das entstandene Verantwortungsvakuum zu füllen.“[66] Beim Ausüben dieser Verantwortung sieht er die Unternehmen in einer schwierigen Situation, da sie sich mit dem Konflikt zwischen ökonomischen und gesellschaftspolitischen Zielen auseinandersetzen müssen.[67] Zusammenfassend definiert Homann Unternehmensethik als „Verhältnis von Moral und Gewinn in der Unternehmensführung und befasst sich mit der Frage, wie moralische Normen und Ideale unter den Bedingungen der modernen Wirtschaft von den Unternehmen zur Geltung gebracht werden können.“[68]

Horst Steinmann: Unternehmensethik als Beschränkung des Gewinnprinzips

Steinmann versteht die Unternehmensethik als situatives Korrektiv des Gewinnprinzips. Dabei ist das oberste Ziel des ethischen Bemühens stets das gesellschaft-

---

[62] Vgl. Berkel / Herzog (1997), S. 56
[63] Ulrich (2008), S. 99
[64] Vgl. Pech (2003), S. 50 f.
[65] Vgl. Berkel / Herzog (1997), S. 54 f.
[66] Homann / Blome-Drees (1992), S. 116 f.
[67] Vgl. Berkel / Herzog (1997), S. 53 f.
[68] Homann / Blome-Drees (1992), S. 117

liche Ziel des Friedens.[69] Die Unternehmensethik als Beschränkung des Gewinnprinzips tritt nach Steinmann in Situationen in Kraft, in denen ein Handeln nach dem Gewinnprinzip und geltendem Recht zu Konflikten mit gesellschaftlichen Normen führen kann. Demnach müssen unternehmerische Entscheidungen kontinuierlich auf deren Konsensfähigkeit geprüft werden – bestehen moralische Zweifel ist immer die Friedenssicherung dem Gewinnprinzip vorzuziehen. Somit werden Gesetze durch eine kritisch-loyale Selbstverpflichtung der Unternehmen ergänzt, um die Lücke zwischen Recht und gesellschaftlichen Normen zu schließen. Bei der Begründung und Fundierung solcher allgemein anerkannter Normen bedient Steinmann sich der Diskursethik, die zu einem vernunftgeleiteten Konsens führen soll. Durch den ständigen Diskurs versteht Steinmann die Unternehmen als „Ort der ethischen Reflexion".[70] Somit akzeptiert er zwar das Gewinnprinzip als Funktionsmechanismus des Wirtschaftssystems, grenzt sich durch die situative Betrachtung jedoch klar von Homann ab.[71] Sein diskursethisches und praxisorientiertes Verständnis der Unternehmensethik bringt Steinmann wie folgt auf den Punkt: „Unternehmensethik zielt auf die Entwicklung konsensfähiger Strategien des Unternehmens ab."[72]

In der Tabelle 2 werden die wichtigsten Kernaussagen, Unterschiede, aber auch Gemeinsamkeiten der Ansätze hervorgehoben und einander gegenüber gestellt:

Kriterien	**Ulrich**	**Homann**	**Steinmann**
Annahmen (Ideal)	Ideale sozial-ökonomische Vernunft	Ideale Rahmenordnung	Idealer Diskurs mit den Betroffenen
Verständnis von Unternehmens-ethik	Kritisch-ethische Grundlagenreflexion	Ordnungsethik	Situatives Korrektiv des Gewinnprinzips
Wert des Gewinnprinzips	Das Gewinnprinzip wird zur Disposition gestellt und Grundlegend diskutiert	Moralische Pflicht der Unternehmen Gewinne zu erzielen	Akzeptanz des Gewinnprinzips, jedoch situative Beschränkung möglich
Vorgehensweise	Diskurs mit allen Betroffenen	Gestaltung der Rahmenordnung	Diskurs mit allen Betroffenen
Bedeutung im unternehmerischen Entscheidungsprozess	Situationsanalyse und Ausgestaltung von Maßnahmen	Situationsanalyse und Festlegung der Unternehmensziele	Strategieformulierung und Bewertung der Positionierungsalternativen

Tabelle 2: Vergleichsübersicht der diskutierten Ansätze in der Unternehmensethik
Quelle: Eigene Darstellung in Anlehnung an Pech (2003), S. 143 ff.

[69] Vgl. Pech (2003), S. 95
[70] Vgl. Berkel / Herzog (1997), S. 58 ff.
[71] Vgl. Pech (2003), S. 51
[72] Steinmann / Löhr (1994), S. 106

Bei einer zusammenführenden Betrachtung der drei vorgestellten Ansätze fällt auf, dass auch sie einer häufig anzutreffenden Schwäche von Theorien unterliegen: Alle drei Ansätze sind sehr abstrakt und basieren auf idealtypischen Annahmen, die in der Realität nicht vorkommen.[73]

Trotz der verdeutlichten Unterschiede der einzelnen Ansätze wird offensichtlich, dass sich alle Ansätze mit der Grundfrage der Unternehmensethik auseinandersetzen, also „den möglichen oder tatsächlichen Konflikten zwischen Gewinn und Moral.“[74] Dieser grundsätzliche Konflikt der Unternehmensethik zwischen Gewinn und Moral wird vereinfachend in Abbildung 2 dargestellt. Dabei wird zwischen vier Fällen unterschieden, die deren Zusammenspiel klassifizieren.

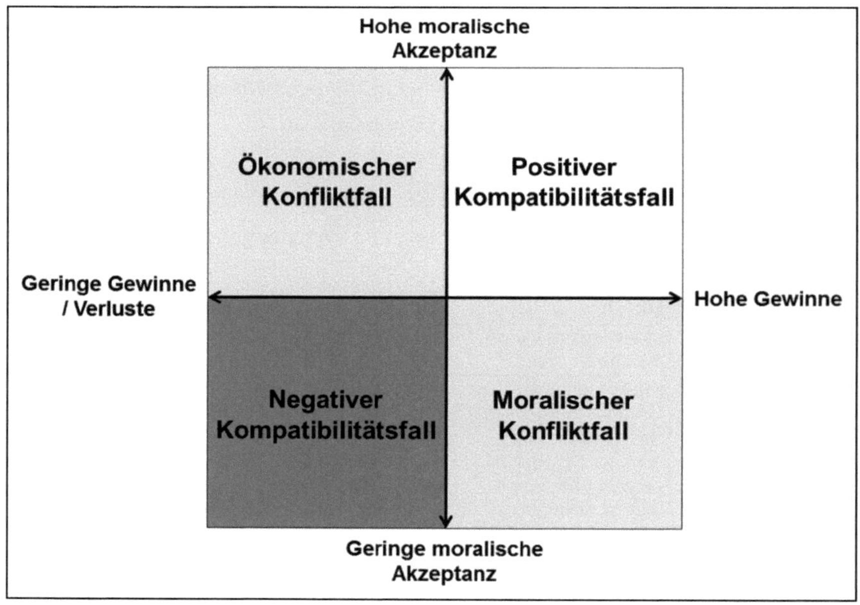

Abbildung 2: Konflikt der Unternehmensethik: Gewinn und Moral
Quelle: Eigene Darstellung in Anlehnung an Kunze (2008), S. 104

In diesem Zusammenhang charakterisiert der positive Kompatibilitätsfall generelles, vorteilhaftes Handeln des Unternehmens, ohne einen Konflikt zwischen Moral und

[73] Vgl. Berkel / Herzog (1997), S. 61
[74] Suchanek (2008), S. 17

Gewinn. Dies ist zweifelsohne der optimale Fall. Anhand des moralischen Konfliktfalls kann die Differenz zwischen äußerer und innerer Moral aufgezeigt werden,[75] denn dieser weist häufig trotz legalen Handelns moralische Defizite bei hohen Gewinnen auf. Ihm gegenüber steht der ökonomische Konfliktfall, der bei ethisch richtigem Verhalten mangelnde Rentabilität aufweist. Während dem moralischen Konfliktfall jedoch hauptsächlich durch interne Strategieänderungen und öffentlichkeitswirksame Maßnahmen zur Erhöhung des Vertrauens entgegengewirkt werden kann, ist es beim ökonomischen Konfliktfall wichtig, dass die Rahmenbedingungen des Systems entsprechend geändert werden. Dies ist nötig, damit moralisch richtig handelnde Unternehmen auch zukünftig Verantwortung wahrnehmen können, ohne ökonomisch benachteiligt zu werden (Unternehmen, die dauerhaft Verluste erwirtschaften können nicht langfristig existieren). Beim negativen Kompatibilitätsfall empfehlen die meisten Autoren eine grundsätzliche Strategieänderung oder den Marktaustritt.[76]

Die heute sehr komplexe und interdependente Unternehmensumwelt erschwert Unternehmen jedoch die Koordination zwischen Moral und Gewinn. Dabei sind nicht nur extern, sondern auch intern in jeder Entscheidung die Handlungen und Interessen mehrerer Wirtschaftssubjekte mit einzubeziehen. Getrieben wird die Komplexität durch die sehr stark arbeitsteilige Wirtschaft in Deutschland. Die vielen Interdependenzen und die sich daraus ergebende Komplexität machen eine Regulierung demnach fast unmöglich. Deshalb gelingt die Koordination idealerweise mit geringem Einsatz von Machtinstrumenten und viel übertragener (Eigen-) Verantwortung.[77]

Am bedeutsamsten für diese Arbeit sind demnach der moralische und der ökonomische Konfliktfall, da diese Situationen am häufigsten in der Realität anzutreffen sind und somit als Ausgangspunkt für die Motivation einer nachhaltigen Entwicklung dienen. Ziel dabei ist es, Unternehmen aus diesen beiden Bereichen in die Zone des positiven Kompatibilitätsfalls zu bringen.[78] Als Untersuchungsobjekte dienen dieser Arbeit dazu die DAX30-Unternehmen. Diese werden anhand eines Vergleichs mit der deutschen Volkswirtschaft auf deren nachhaltiges Handeln bewertet. Dabei stehen

[75] Siehe Kapitel 2.1, S. 6 f.
[76] Vgl. Kunze (2008), S. 104 f.
[77] Vgl. Kunze (2008), S. 105
[78] Vgl. Söllner (2008), S. 165 ff.

alleine die Unternehmen im Fokus, nicht die Veränderungen der Umwelt bzw. Rahmenordnung (z.B. durch Politik, Gesellschaft, etc.).

2.2.2 Verantwortung

Verantwortung, ist als die wichtigste Gemeinsamkeit der zuvor vorgestellten unternehmensethischen Ansätze hervorzuheben. Diese bezieht sich nicht nur auf die Individuen, die innerhalb des Unternehmens agieren (z.B. Manager), sondern im Besonderen, auf die Verantwortung, die ein Unternehmen gegenüber der Gesellschaft wahrzunehmen hat.[79] Fetzer definiert Verantwortung im Kern als: „Eintreten (-Müssen) eines Subjekts für ein Objekt."[80] Göbel definiert darauf basierend vier Elemente, die gegeben sein müssen, damit man von Verantwortung sprechen kann: „Ein Subjekt, ein Objekt und eine Relation dazwischen."[81] Das vierte Element ist die Instanz der Verantwortung, die die Verantwortungsrelationen klärt und begründet.[82]

Subjekt der Verantwortung

Das Subjekt der Verantwortung ist für etwas verantwortlich bzw. muss für etwas eintreten. Im Zusammenhang der Unternehmensverantwortung können das, wie bereits erwähnt, Individuen, die für das Unternehmen handeln oder das Unternehmen selbst sein. Dazu muss das Unternehmen als Subjekt klar identifizierbar sein. Die Unternehmensverantwortung ist wichtig, da negative Folgen zunächst dem Unternehmen zugerechnet werden müssen und nicht den einzelnen Akteuren, die in dessen Mikrokosmos und Namen agieren. Auch andere Interessengruppen können als Subjekte Verantwortung tragen. So können beispielweise Konsumenten, Investoren oder Politiker eine Unternehmensethik erschweren oder fördern, obwohl deren Einfluss auf das Handeln des Unternehmens nur indirekter Natur ist.[83]

Objekt der Verantwortung

Mit dem Verantwortungsobjekt muss bestimmt werden, für was das Subjekt eintritt. Um dieses präzise zu bestimmen, sollte beachtet werden, wer der Adressat ist, wie der erwünschte Zustand bzw. dessen Verletzung aussieht und wie gehandelt wird bzw. wurde (bei rückblickender Beurteilung). Als Objekte der Verantwortung können

[79] Vgl. Pech (2007), S. 146
[80] Fetzer (2004), S. 88
[81] Göbel (2010), S. 109
[82] Vgl. Göbel (2010), S. 112 f.
[83] Vgl. Göbel (2010), S. 109 f.

also Aufgaben, Handlungen, Entscheidungen, Adressaten, Folgen, Werte, etc. gelten.[84]

Verantwortungsrelation

Eine elementare Bedingung zur Übernahme oder Zuweisung von Verantwortung ist das Bestehen einer kausalen Einflussmöglichkeit des Subjekts auf das Verantwortungsobjekt. Dabei kann man in zwei Richtungen nach dieser Relation suchen. Aus Perspektive des Subjekts kann man untersuchen, welche Handlungsfolgen zuzurechnen sind und wie weit die Verantwortung geht. Aus Sicht des Objekts kann gefragt werden, welche Subjekte für die Auswirkungen verantwortlich sind. Allerdings treten gerade beim Abschätzen der Folgen die typischen Probleme der teleologischen Ethik auf. Denn um moralisches Handeln zu bewerten, müssen nicht nur die Folgen von Entscheidungen, Handlungen oder Unterlassungen abzusehen sein, sondern zum entsprechenden Zeitpunkt auch Alternativen existieren.[85]

Instanz der Verantwortung

Mit der Instanz der Verantwortung wird geklärt, vor wem sich das Subjekt zu verantworten hat. Dabei wird geprüft, wer eigentlich das Recht hat, Verantwortungsrelationen herzustellen und zu beurteilen. Diese ist der normative Referenzpunkt, der die Bewertungskriterien festlegt und über Inhalt und Radius der Verantwortung urteilt. Instanzen können alle Interessengruppen sein. Fetzer nannte Gerichte, Öffentlichkeit, Gott, Vernunft und Gewissen als Beispiele.[86]

In diesem Kontext versteht Fetzer die moralische Verantwortung zusammenfassend, als eine Selbstverpflichtung des Subjekts zum Eintreten für die Verantwortungsobjekte.[87] Nach seinem Verständnis für Unternehmensethik tritt also „das Unternehmen […] für die Ergebnisse seines Handelns oder Unterlassens ein und nicht andere".[88]

Aus diesem Kapitel geht hervor, dass ein Unternehmen, um moralisch zu handeln, stets Rücksicht auf die betroffenen Anspruchsgruppen, Instanzen der Verantwortung,

[84] Vgl. Göbel (2010), S. 110 f.
[85] Vgl. Göbel (2010), S. 111 f.
[86] Vgl. Göbel (2010), S. 112 f.
[87] Vgl. Göbel (2010), S. 113
[88] Fetzer (2004), S. 200

kritische Öffentlichkeit und gesellschaftliche Normen nehmen muss. Das folgende Kapitel bietet nun einen Überblick über diese Anspruchsgruppen bzw. Stakeholder.

2.3 Stakeholder von Unternehmen und deren Stellung in der Unternehmensethik

Stakeholder (oder Göbel: „Adressaten der Unternehmensverantwortung“[89]) sind alle Personengruppen, für die im Zusammenhang mit der Unternehmenstätigkeit etwas auf dem Spiel steht.[90] Freeman unterteilt diese Personengruppen in zwei Hierarchien. Dabei definiert er die primären Stakeholder als jene Gruppen, ohne deren Unterstützung eine Unternehmung gefährdet wäre. Demnach muss fast jedes Unternehmen die Beziehungen mit seinen Kapitalgebern, Kunden, Lieferanten, Mitarbeitern und Gemeinden pflegen – diese werden in dem inneren, dunkelgrau schraffierten Bereich in Abbildung 3 dargestellt. Unter sekundären Stakeholdern versteht Freeman jene Interessensgruppen oder Individuen, die das Geschäft beeinflussen können bzw. durch die Geschäftstätigkeiten des Unternehmens profitieren oder geschädigt werden können. Diese Stakeholder sind in der folgenden Abbildung im äußeren, hellgrau schraffierten Bereich dargestellt.[91] Dabei ist zu beachten, dass zu den sekundären Stakeholdern auch jene zählen, die Einfluss auf die primären Stakeholder des Unternehmens nehmen können.[92]

Bei Abbildung 3 handelt es sich jedoch nicht um die einzig gültige Einteilung der Stakeholder, die für alle Unternehmen gültig sein sollte, sondern bildet lediglich eine Möglichkeit von vielen ab. Dies reflektiert die Wirtschaftswissenschaften in einem gewissen Sinne allgemein, da es generell wenige Konzepte gibt, die in allen Unternehmen gleichermaßen funktionieren oder gar anwendbar sind. Trotzdem ist Freemans‘ Definition von Stakeholdern nicht willkürlich gewählt, denn abgesehen davon, dass seine Definition für Stakeholder, die in der Fachliteratur am häufigsten anzutreffende ist,[93] ist er auch der Begründer der Stakeholder Theorie,[94] auf die in Kapitel 3.2.3 genauer eingegangen wird.

[89] Göbel (2010), S. 126
[90] Vgl. Göbel (2010), S. 126
[91] Vgl. Freeman (2010), S. 24 ff.
[92] Vgl. o.V. (2012): [Sage], S. 121 f.
[93] Vgl. o.V. (2012): [Sage], S. 119
[94] Siehe Kapitel 3.2.3, S. 35 ff.

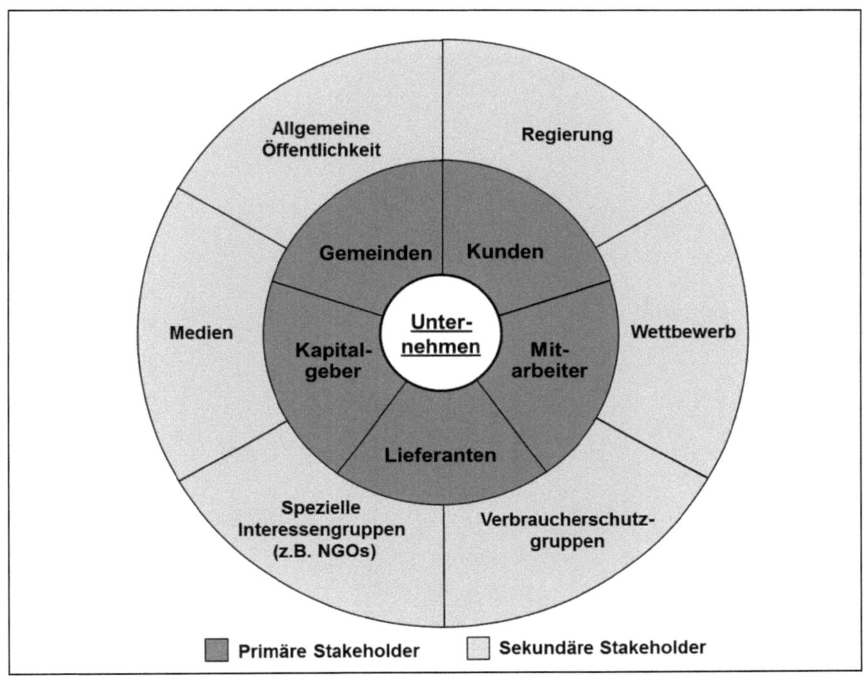

Abbildung 3: Primäre und sekundäre Stakeholder von Unternehmen
Quelle: Eigene Darstellung in Anlehnung an Freeman (2010), S. 24 ff.

3 Nachhaltige Entwicklung und Verantwortung von Unternehmen

Seit Beginn der neunziger Jahre genießt die Idee einer nachhaltigen Entwicklung der Wirtschaft (Sustainable Developement) viel Zuspruch und Interesse.[95] Kernpunkt des in diesem Zusammenhang geführten Diskurses ist, wie und womit Wirtschaftsführer, Manager und Führungskräfte zu einem Wandel und so zu einer ökologisch und sozial nachhaltigen Gesellschaft beitragen können.[96] Deren gesellschaftliche Verantwortung wurde im vorherigen Kapitel bereits auf einer ethischen Basis begründet sowie an den eher praxisnahen Fragestellungen und Konflikten der Unternehmensethik aufgezeigt. Um in den folgenden Kapiteln eine Bewertung der Nachhaltigkeitsleistung vornehmen zu können, wird in diesem Kapitel zunächst das für diese Arbeit essentielle Konzept, der nachhaltigen Entwicklung mit den bedeutsamsten Konzepten in der Praxis (z.B. CSR) vorgestellt. Darauf aufbauend werden die wichtigsten institutionellen Handlungsempfehlungen präsentiert und aktuelle Entwicklungen aufgezeigt. Abschließend wird in diesem Kapitel die häufig kritisierte Nachhaltigkeitsberichterstattung einer genaueren Betrachtung unterzogen und es werden die Gefahren des Öko-Effizienz-Ansatzes dargestellt.

3.1 Das Konzept der Nachhaltigkeit

Die Idee einer ökologisch und sozial nachhaltigen Entwicklung ist eine gesellschaftliche Querschnittsaufgabe, die über Interessen- und Kulturgegensätze hinweg nach Lösungsansätzen für eine überlebensfähige ökologische Zukunft sucht.[97] Obwohl Zukunftsfragen zweifelsohne im Diskurs zwischen Wirtschaft, Politik und Gesellschaft geklärt werden müssen, so tragen Unternehmen dabei als gesellschaftliche Akteure eine besondere Verantwortung.[98] Dies wirft die Frage auf, ob von Seiten der Unternehmen genug unternommen wird, um dieser Verantwortung gerecht zu werden. Allerdings scheinen sich in den letzten Jahren gerade in Unternehmen allgemeine Ansichten, Werte und Annahmen nur geringfügig im Vergleich zum nor-

[95] Vgl. Paech (2012), S. 38 f.
[96] Vgl. Jackson (2009), S. 171 f.
[97] Vgl. Paech (2012), S. 38 f.
[98] Vgl. Schaltegger / Müller (2008), S. 42

malen Tagesgeschäft verändert zu haben. Wenn dies tatsächlich der Fall ist, dann scheint eine radikalere Agenda für das Organisationsverständnis und die Unternehmensverantwortung nötig, um den dringenden Erfordernissen einer wirtschaftlichen Zukunftsfähigkeit nachzukommen.[99]

In Bezug auf die Sorge um die Zukunftsfähigkeit unserer Gesellschaft, drängt sich der Eindruck auf, dass es sich zunächst hauptsächlich darum dreht, ob man sich als Individuum der stetig größer werdenden Menge an Argumentationen und Zahlenmaterial bezüglich eines ökologischen und sozialen Ungleichgewichtes bewusst ist und wie man darauf reagiert. Dabei spricht das Zahlenmaterial meistens eine eindeutige Sprache und auch die warnenden Rückschlüsse daraus sind größtenteils allgemein bekannt.[100] Die Berichte der folgenden Organisationen, die kontinuierlich Daten der Erde und Menschheit dokumentieren und interpretieren, stellen dabei nur die Spitze des Eisbergs dar:

Organisation	**Bericht**
Worldwatch Institute	State of the World[101]
United Nations Environmental Programme (UNEP)	Global Environmental Outlook (GEO)[102]
United Nations Development Programme (UNDP)	Bericht über die menschliche Entwicklung[103]
World Wide Fund For Nature (WWF)	Living Planet Report[104]
Amnesty International Organisation	Annual Amnesty International Report[105]
Global Footprint Network	The Ecological Wealth of Nations[106]
Verschiedene Autoren	Berichte an den Club of Rome[107]

Tabelle 3: Ausgewählte Berichte zum Zustand der Erde und Menschheit
Quelle: Eigene Darstellung

[99] Vgl. Milne / Gray (2012), S. 2
[100] Vgl. Milne / Gray (2012), S. 3
[101] Der aktuellste Bericht: State of the World 2013
[102] Der aktuellste Bericht: GEO 5 (2012)
[103] Der aktuellste Bericht: Bericht über die menschliche Entwicklung 2013, Der Aufstieg des Südens: Menschlicher Fortschritt in einer ungleichen Welt
[104] Der aktuellste Bericht: Living Planet Report 2012
[105] Der aktuellste Bericht: Amnesty International Report 2013
[106] Der aktuellste Bericht: 2012 Annual Report oder The Ecological Wealth of Nations
[107] Der bekannteste und einflussreichste Bericht „Die Grenzen des Wachstums“ wurde 1972 veröffentlicht, der aktuellste Bericht ist: Randers, Jørgen (2012): 2052: A global forecast for the next forty years

Trotz der Masse an Daten und Interpretationen haben alle eine gemeinsame Botschaft: Sie warnen vor den möglichen Gefahren eines Zusammenbrechens des Ökosystems und erkennen den klaren Trend, dass die Menschheit sich auf direktem Weg dorthin befindet. Aus den ökologischen Problemen ergeben sich dann zwangsläufig genauso prekäre soziale Konflikte, wie sie beispielsweise durch den Kampf um Ressourcen oder einer Umverteilung des Wohlstands entstehen.[108]

Die aktuelle Ungleichheit zwischen Ressourcennutzung und vorhandener Biokapazität unseres Planeten drückt der Human Development Report 2013 aus. Demnach erreichen lediglich 4 (Deutschland gehört nicht dazu) von insgesamt 94 Ländern mit einer hohen menschlichen Entwicklung (HDI > 0,71)[109] ihren Entwicklungsgrad mit einem ökologischen Fußabdruck, der nicht die eigene Pro-Kopf-Biokapazität übersteigt.[110] Das heutige Wirtschafts- und Konsummodell der Industrieländer verursachte bisher nur keine Umweltkatastrophen, weil andere Länder weit genug von einem ähnlichen Pro-Kopf-Verbrauch an Ressourcen und Energie entfernt waren. Trotzdem werden (Stand 2009) bereits 1,47 Planeten benötigt, um den Konsum der gesamten Menschheit zu decken.[111] Daraus lässt sich logisch ableiten, dass der endlich in Schwung kommende soziale Aufstieg durch Wirtschaftswachstum in den meisten Entwicklungs- und Schwellenländern das weltweite Ressourcenproblem stark beschleunigen wird.[112]

Es scheint also, dass die verfügbaren Daten nicht das Problem der Nachhaltigkeitsdebatte sind, sondern eher die herrschende Uneinigkeit bei der Interpretation, aus den sich daraus ergebenden Implikationen und den entsprechenden Reaktionen der Menschheit darauf.[113]

In der Vergangenheit wurde dazu bereits eine Vielzahl von falschen Vorhersagen getätigt, die das Ende der Rohstoffe oder gar das Ende der Welt ankündigten. Diese Vorhersagen riefen jeweils zwei Arten von Reaktionen hervor, die Dryzek als „Survi-

[108] Vgl. Milne / Gray (2012), S. 3; Vgl. Paech (2012), S. 43 ff.
[109] Der Human Development Index (HDI) ist eine Kennzahl, um den Entwicklungsstand eines Landes zu messen. Vgl. Ribbeck (2008)
[110] Vgl. Malik (2013), S. 44
[111] Vgl. Wackernagel et al. (2013), S.6
[112] Vgl. Paech (2012), S. 45 f.
[113] Vgl. Milne / Gray (2012), S. 3

valists"[114] und „Prometheans"[115] unterscheidet.[116] Dabei richtet sich der Survivalist nach der Endlichkeit des Ökosystems und besitzt den Hang zum Übertreiben. Allein aufgrund der soeben betrachteten Datenmasse zieht er den Rückschluss, dass lediglich eine radikale Anpassung der Weltpolitik, der Institutionen und menschlicher Handlungsweisen eine Trendwende herbeiführen kann. Der Promethean dagegen argumentiert, dass eine radikale Veränderung der menschlichen Verhaltensweise nicht notwendig ist, weil Trends übertrieben oder manipuliert dargestellt werden. Außerdem geht er davon aus, dass ein Technologiewandel die drohende Ressourcenverknappung abwendet und Preissignale unangebrachtes menschliches Verhalten verhindern.[117]

Dryzek bemerkt dazu kritisch, dass die Position des Promethean, im Gegensatz zu dem Survivalist, in einem Diskurs nicht unbedingt einer formalen Artikulation verpflichtet ist, um Gehör zu finden. Er vermutet sogar, dass viele Menschen auf der Basis des Promethean, aus Gemütlichkeit, ihr Leben gestalten. In anderen Worten, diese könnten weiterhin so Leben wie bisher, indem sie die beschriebenen Tendenzen und Beobachtungen einfach ignorieren, nicht ausdrücklich bestreiten oder denen Glauben schenken, die einen solchen Trend ablehnen. Entscheidend für die Diskussion (jedoch unvorteilhaft für die Position der Survivalists) ist die philosophische Erkenntnis, dass es weder eine logische, noch eine empirische Basis für eine der beiden Seiten gibt und auch in Zukunft nicht geben wird.[118] Somit kann auch zukünftig nicht mit absoluter Sicherheit vorhergesagt werden, ob unser momentaner Lebensstil die Ressourcen unseres Planeten aufbrauchen wird und die Menschheit dadurch letztlich ausstirbt oder nicht. Dieser Einsicht folgend, kann also keine der beiden Positionen den Anspruch erheben, alleine über die Zukunft unserer Spezies oder gar der Erde zu entscheiden.[119]

Diese Erkenntnis lässt die komplette Bandbreite an Handlungsmöglichkeiten offen, die von „nichts tun, weil nichts getan werden muss" (Promethean Optimismus), bis

[114] „Jemand, der alle Widrigkeiten übersteht, ohne unterzugehen", http://www.duden.de/rechtschreibung/Ueberlebenskuenstler [21.11.2013]

[115] „An Kraft, Größe alles überragend, titanisch", http://www.duden.de/rechtschreibung/prometheisch [21.11.2013]

[116] Vgl. Milne / Gray (2012), S. 3

[117] Vgl. Milne/Gray (2012), S. 3

[118] Bertrand Russell beschreibt die Unklarheit der Zukunft als eines der philosophischen Probleme in seinem Buch: The problems of philosophy (1986)

[119] Vgl. Milne / Gray (2012), S. 3

hin zu „nichts tun, weil es bereits zu spät ist und wir als Spezies unfähig sind uns genügend anzupassen" (Survivalist Fatalismus) reichen. Zwischen diesen beiden Extrempositionen liegt der Glaube, dass irgendetwas getan werden muss.[120] Und zwar aus den einfachen Gründen, um die Chancen für ein Überleben der menschlichen Rasse zu erhöhen, aber auch, weil der Mensch eine besondere Beziehung mit der Natur pflegt, die auf der Lern- und Anpassungsfähigkeit des Menschen beruht.[121]

Die entscheidende Frage ist also: **Wie sollen wir jetzt handeln?**[122]

Genau an dieser Stelle kommt nun das Konzept der nachhaltigen Entwicklung mit seiner Suche nach möglichen Lösungen für die Nachhaltigkeitsproblematik ins Spiel.

Zum Begriff der Nachhaltigkeit

In dieser Arbeit wurde nun bereits des Öfteren erwähnt, dass die Forderung nach nachhaltigem und moralischem Handeln von Unternehmen zu einem permanenten Thema des öffentlichen Interesses wurde. Aufgrund der Aktualität und Dynamik des Themas hat sich bisher jedoch noch keine prägnante Definition durchgesetzt.[123] Allerdings basieren viele der bereits existierenden Begriffsbestimmungen auf dem Gedanken, dass der aktuelle menschliche Lebensstil den natürlichen Ressourcenvorrat schneller aufbraucht, als natürliche Vorgänge ihn wieder auffüllen können und dass mit diesem Verhalten zukünftige Generationen in eine missliche Lage gebracht werden. Dies impliziert, dass Nachhaltigkeit einen ausgeglichenen Umfang von ökonomischen, sozialen und ökologischen Aktivitäten voraussetzt.[124]

Die geläufigste Definition für eine nachhaltige Entwicklung stammt von der Brundtland-Kommission: „Sustainable development is development that meets the needs of the present without compromising the ability of future generations to meet their own needs."[125] Diese hat demnach als Ziel, zukünftige Generationen in ihrer

[120] Vgl. Milne / Gray (2012), S. 3 f.
[121] Vgl. Meulemann (2013), S. 31
[122] An dieser Stelle wird die enge Verflechtung zur Ethik offensichtlich. Siehe ethische Grundfrage zu Beginn des Kapitels 2.1 (S. 6)
[123] Vgl. Lackmann (2010), S.5
[124] Milne / Gray (2012), S. 4
[125] "It contains within it two key concepts: the concept of 'needs', in particular the essential needs of the world's poor, to which overriding priority should be given; and the idea of limitations imposed by the state of technology and social organization on the environment's ability to meet present and future needs." o.V.(1987): [WCED], S.41

Lebensqualität nicht schlechter zu stellen als heutige und somit eine Generationengerechtigkeit zu schaffen.[126] Obwohl die Brundtland-Definition damit einen Großteil des ökologischen Gedankens umfasst, wird oft kritisch erwähnt, dass die Fragen nach dem, was wir erhalten *sollten* und was wir erhalten *müssen*, unbeantwortet bleiben.[127]

Um dieses Konzept weniger abstrakt darzustellen, lohnt sich ein Blick in die Vergangenheit. Ursprünglich stammt der Begriff Nachhaltigkeit aus der Forstwirtschaft und tauchte in Europa erstmals im 18. Jahrhundert auf. Aufgrund des damals betriebenen Raubbaus verringerte sich der Baumbestand so drastisch, dass die langfristige Verfügbarkeit der Ressource Holz gefährdet war. Also suchte man nach Strategien, die eine ertragreiche und langfristige Forstwirtschaft ermöglichen. Dabei kam man zu dem Ergebnis, dass zukünftig nur noch so viel Holz dem Wald entnommen werden darf, wie auch wieder aufgeforstet werden kann. Das Ziel war, durch eine Begrenzung der Abholzung die langfristigen Erträge zu maximieren und zu sichern.[128]

An diesem simplen Beispiel wird ersichtlich, dass die Maximierung langfristiger Erträge mit umweltschützenden Maßnahmen einhergehen kann. Gleichzeitig profitieren nachfolgende Generationen nicht nur ökonomisch, sondern auch in Bezug auf deren Lebensqualität positiv von der damals getroffenen Entscheidung. In dem geschilderten Fall ist zudem eine enge Verzahnung zwischen der ökologischen, sozialen und ökonomischen Ausrichtung erkennbar. Dies bringt zwei wesentliche Aspekte der Nachhaltigkeit zum Vorschein: Hinter der Nachhaltigkeit steckt eine ethische Ausrichtung[129] und Nachhaltigkeit orientiert sich an einer **langfristigen** ökonomischen Ausrichtung.[130]

Paech sieht in der Brundtland-Definition, ähnlich wie im Beispiel dargestellt, ein bisweilen „auf der Mikroebene praktiziertes Vorsorgeprinzip verallgemeinert."[131] Als Beispiel nennt er den Besitzer einer erneuerbaren Ressource, der nur den Zuwachs dieser verbraucht und somit seinen Kapitalbestand permanent wahrt. Auf diesem

[126] Vgl. Lackmann (2010), S. 6
[127] Vgl. Milne / Gray (2012), S. 4
[128] Vgl. Lackmann (2010), S. 6
[129] Siehe Kapitel 2, S. 5 ff.
[130] Vgl. Lackmann (2010), S. 5 f.
[131] Paech (2012), S. 46

Prinzip aufbauend versteht er „die dauerhafte Übertragbarkeit aller menschlichen Aktivitäten, die im Rahmen der Befriedigung gegenwärtiger Bedürfnisse entfaltet werden“,[132] als elementares Nachhaltigkeitsprinzip (Übertragbarkeitskriterium).[133]

Darauf basierend kann man Nachhaltigkeit wie folgt definieren:[134]
Nachhaltiges Wirtschaften ist, wenn die heutigen Bedürfnisse so bedient werden, dass künftige Generationen ihre eigenen Bedürfnisse unter den gleichen Grundsätzen erfüllen können (Übertragbarkeitskriterium). Demnach sind für ein dauerhaft friedliches und freies Zusammenleben folgende Voraussetzungen zu erfüllen:

- Kapitalerhalt der Biosphäre
- Faire Verteilung der Ressourcen

Nachdem der Begriff der Nachhaltigkeit nun eingehend beleuchtet wurde, wird klar, dass das Nachhaltigkeitskonzept eher eine globale Ausrichtung hat und von daher für viele Unternehmen weiterhin zu abstrakt bleibt. Trotzdem wird offensichtlich, dass Nachhaltigkeit gemäß den dargebotenen Definitionen Unternehmen und deren Entscheidungsträger vor einige gewaltige Herausforderungen stellt. Unter anderem, weil traditionelle Erfolgsmaßstäbe, die bisher die Zukunft eines Geschäfts sicherten (Profit und Effizienz), einer genauen Überprüfung unterzogen werden.[135] Dass diese Diskussion mittlerweile gesellschaftstauglich und nicht mehr rein wirtschaftswissenschaftlich ist, bewies der Deutsche Bundestag 2011, indem er die Enquete-Kommission einrichtete und damit beauftragte, neben dem BIP weitere Wohlstandsindikatoren für die Gesellschaft und ein nachhaltiges Wirtschaften zu suchen.[136]

Die Einbeziehung von sozialen und ökologischen Kriterien in traditionell monetär geprägten Erfolgsstrukturen der Unternehmen bringt jedoch folgende Frage hervor: Inwieweit sind Entscheidungsträger von Unternehmen, die innerhalb eines kapitalistischen Systems agieren, überhaupt in der Lage, kurzfristige Gewinne zu opfern, um Ressourcen und das Ökosystem für zukünftige Generationen zu schützen? Dabei muss ebenfalls bedacht werden, dass nachhaltige Aktivitäten, solange sie lediglich

[132] Paech (2012), S. 46
[133] Paech nennt als Beispiel den Besitzer einer Geldanlage, der von der Rendite lebt. Vgl. Paech (2012), S. 46
[134] Bezogen auf das komplette Kapitel 3.1 und in Anlehnung an Paech (2012), S. 43 ff.
[135] Vgl. Milne / Gray (2012), S. 4
[136] Vgl. Carstensen / Wieland (2013), S. 3

auf einer freiwilligen Basis durchgeführt werden, jeweils vor den Kapitalgebern zu vertreten sind.

3.2 Nachhaltigkeitsansätze für Unternehmen

Um ein aussagekräftigeres Bild im Unternehmensbereich für das Thema Nachhaltigkeit zu erlangen und auf die Unternehmensebene herunter zu brechen, werden nun einige Nachhaltigkeitskonzepte für Unternehmen vorgestellt. Diese weisen jeweils eine unterschiedlich starke Form der Nachhaltigkeit sowie unterschiedliche Schwerpunktsetzungen auf.

3.2.1 Corporate Sustainability

Corporate Sustainability (CS) wird ins deutsche oft als „unternehmerische Nachhaltigkeit"[137] oder „unternehmerisches Nachhaltigkeitsmanagement"[138] übersetzt, um den Praxisbezug deutlich zu betonen. Dabei basiert CS, wie bereits der Name zu erkennen gibt, in voller Breite auf dem Prinzip der Nachhaltigkeit und weist deswegen auch die stärkste Form von Nachhaltigkeit für Unternehmen auf. Mithilfe von holistischem Denken wird das Ziel verfolgt, die Auswirkungen des Unternehmens auf dessen Umfeld zu steuern.[139] Die wichtigsten Handlungsfelder (jedoch nicht nur auf diese beschränkt) sind Soziales, Ökologie und Wirtschaft. Aus diesen Dimensionen werden jeweils Lösungsbeiträge gemäß dem Nachhaltigkeitsziel erbracht, das aus dem Übertragbarkeitskriterium abgeleitet wurde.[140] Dafür respektiert Corporate Sustainability die Gesellschaft mit all ihren Kulturkreisen und fördert getreu dem Verständnis der dauerhaften Unternehmensfortführung (going concern concept)[141] auch die langfristige Funktionsfähigkeit der Gesellschaft und des Unternehmensumfelds.[142] Denn erfolgreiche Unternehmen sind auf eine intakte Gesellschaft genauso angewiesen, wie eine intakte Gesellschaft auf erfolgreiche Unternehmen.[143]

Um dies zu ermöglichen, werden zwei Ziele verfolgt: Erstens soll eine nachhaltige Unternehmens- und Geschäftsentwicklung erreicht werden und zweitens ein positiver

[137] Bulmann (2007), S. 8
[138] Schaltegger / Müller (2008), S. 18
[139] Vgl. Schaltegger / Müller (2010), S. 18
[140] Vgl. Paech (2012), S. 98
[141] Vgl. Milne / Gray (2012), S. 4
[142] Vgl. Epstein (2008), S. 32
[143] Vgl. Schillinger (2010), S. 15

Beitrag des Unternehmens zur nachhaltigen Entwicklung der gesamten Gesellschaft sichergestellt werden. Damit diesem Anspruch nachgekommen wird, befindet sich im Kern eine proaktive und strukturpolitische Gestaltungsrolle, die erst dann erlaubt von Nachhaltigkeitsmanagement zu sprechen, wenn das Unternehmen nicht nur das eigene Geschäft nachhaltig entwickelt, sondern ebenfalls ein aktiver Beitrag zur nachhaltigen Entwicklung von Wirtschaft und Gesellschaft geleistet wird.[144]

Da Unternehmen jedoch zur Erbringung ökonomischer Leistungen geschaffen werden (sonst wären sie eine NGO[145]), muss sich das Nachhaltigkeitsmanagement daran ausrichten und in das konventionelle Management integriert werden. Geschieht dies nicht und Nachhaltigkeitsaktivitäten werden in einem Parallelsystem durchgeführt (aktuell häufig anzutreffende Form), dann besteht die Gefahr, dass ein Nachhaltigkeitsmanagement nur in Luxuszeiten nebenbei betrieben und in einer Rezession vernachlässigt oder gar eingestellt wird. Aufgrund der hohen Bedeutung von Nachhaltigkeitsaspekten für den langfristigen Unternehmenserfolg erweist sich ein solches Parallelsystem jedoch meist als ein Bumerang. Um von Nachhaltigkeitsmanagement sprechen zu können, muss das Kerngeschäft die Beförderung einer nachhaltigen Entwicklung beinhalten. Dabei kann CS sehr proaktiv gestaltende Formen annehmen, indem Märkte aktiv (mit-) gestaltet und Rahmenbedingungen grundlegend geprägt werden.[146]

Neben der strukturgestaltenden und progressiven Rolle ist der prägnanteste Unterschied zwischen Nachhaltigkeitsmanagement und anderen Ansätzen (z.B. CSR), dass das Nachhaltigkeitsmanagement das gesamte Spektrum zwischen freiwilligen und unfreiwilligen Nachhaltigkeitsaktivitäten umfasst. Zu den unfreiwilligen können Regulierungen oder Maßnahmen gezählt werden, die durch Stakeholderdruck entstanden sind.[147]

CS beschäftigt sich also nicht nur mit der Verantwortung eines Unternehmens gegenüber seinen Stakeholdern, sondern (aufbauend auf der Nachhaltigkeitslogik) mit einem Pflichtbewusstsein gegenüber der gesamten Menschheit und künftigen Gene-

[144] Vgl. Schaltegger / Müller (2010), S. 18 ff.
[145] engl. non-governmental organization
[146] Vgl. Schaltegger / Müller (2010), S. 26 f.
[147] Vgl. Schneider / Schmidpeter (2012), S. 26, Schaltegger / Müller (2010), S. 26 f.

rationen. Somit umfasst das Nachhaltigkeitsmanagement alle systematischen, koordinierten und zielorientierten unternehmerischen Aktivitäten, die der nachhaltigen Entwicklung eines Unternehmens, der Wirtschaft und Gesellschaft dienen.[148]

3.2.2 Corporate Social Responsibility

CSR ist in der Literatur und Praxis der bekannteste Begriff, wenn es um Nachhaltigkeitsaktivitäten geht. Das liegt vor allem an der klaren Abgrenzung der Aktivitäten, die dazu führte, dass Wissenschaftler und Unternehmen sich intensiver mit dieser Thematik beschäftigten. Dies hat jedoch fälschlicherweise auch zur Folge, dass Nachhaltigkeit und CSR häufig als austauschbare Synonyme verwendet werden. Bei genauerer Betrachtung der beiden Konzepte bestehen im Kern jedoch deutliche Unterschiede.[149] So stellte beispielsweise die Europäische Kommission 2001 CSR als einen Beitrag zur nachhaltigen Entwicklung vor. Sie sah sich aufgrund der enormen Anzahl von unterschiedlichen CSR-Definitionen außerdem dazu veranlasst, eine für alle Mitgliedsländer größtenteils einheitliche und vergleichbare Definition herauszuarbeiten.[150] Dabei versteht die Europäische Kommission CSR „als ein Konzept, das den Unternehmen als Grundlage dient, auf freiwilliger Basis soziale Belange und Umweltbelange in ihre Unternehmenstätigkeit und in die Wechselbeziehungen mit den Stakeholdern zu integrieren."[151]

Ergänzt wurde diese Definition 2002 durch die Europäische Kommission, die trotz der Vielzahl von CSR-Ansätzen einen weitgehenden Konsens bei den folgenden Grundzügen erkannte:

- „Unternehmen, die CSR praktizieren, gehen über gesetzliche Verpflichtungen hinaus; sie tun es freiwillig, weil sie der Auffassung sind, dass es ihrem langfristigen Interesse dient.
- CSR ist eng verknüpft mit dem Konzept der nachhaltigen Entwicklung: die Unternehmen müssen sich der wirtschaftlichen, sozialen und ökologischen Auswirkungen ihrer Tätigkeit bewusst sein.
- CSR ist nicht etwas, was dem Kerngeschäft von Unternehmen aufgepfropft werden soll. Vielmehr geht es um die Art des Unternehmensmanagements."[152]

[148] Vgl. Schaltegger / Müller (2010), S. 18
[149] Vgl. Schaltegger / Müller (2010), S. 24 f.
[150] Vgl. Paech (2012), S. 154 f.
[151] o.V. (2001): [Europäische Kommission], S. 7
[152] o.V. (2002): [Europäische Kommission], S. 6

Mit einer weiteren Ergänzung aus dem Jahr 2002 und der damit verbundenen Betonung eines Managementkonzepts, schien die Definition der Kommission plausibel und umfassend, womit sie eine gute Ausgangsbasis zur allgemeinen Weiterentwicklung des CSR-Konzepts bot.[153] Des Weiteren wird die Freiwilligkeit[154] von CSR als Abgrenzungsmerkmal hervorgehoben, worin viele Wissenschaftler einen gravierenden Unterschied zum Nachhaltigkeitsmanagement erkennen.[155]

Während das Definitionsspektrum innerhalb Europas bereits weit gefächert ist, so sind die Unterschiede zwischen europäischen und außereuropäischen Wissenschaftlern und Unternehmen noch um ein vielfaches höher. Dies kann zwar mit Hilfe historisch gewachsener Unterschiede im Politik- und Gesellschaftssystem erklärt werden, wirft jedoch die Frage auf, ob es in einer immer stärker globalisierten Welt nicht eines allgemeinverbindlichen Standards bedarf.[156]

Gegen eine Standardisierung spricht, dass CSR als „moving issue" verstanden wird und eine abschließende Definition eines in sich dynamischen und weiterentwickelnden Prozesses als sehr schwierig erscheint.[157] Außerdem wird die These vertreten, dass eine Normierung ungeachtet der Art, Größe und Branche eines Unternehmens für dessen Dynamik ungeeignet wäre. Viel wichtiger sei es, unter Berücksichtigung der individuellen Situation eines Unternehmens und im Rahmen eines kontinuierlichen Dialogs mit den Stakeholdern ein spezielles Konzept zu entwickeln. Auf der anderen Seite betonen die Befürworter eines international geltenden CSR-Standards, dass dieser nötig sei, da Unternehmen im globalen Wettbewerb auf viele unterschiedliche nationale Gesetzeslagen stoßen (Arbeitsschutzrecht, Umweltschutzgesetz, etc.). Somit glaubt die Europäische Kommission, dass eine „Identifikation von gemeinsamen Rahmenbedingungen für die globale Dimension der CSR“ die größte Herausforderung ist, um ökologischen und sozialen Ungleichheiten entgegenzuwirken.[158] Auch Zirnig sieht durch das Fehlen eines international einheitlichen Ver-

[153] Vgl. Schneider / Schmidpeter (2012), S. 20 f.
[154] „Um sich moralisch richtig zu verhalten ist jedoch die innere Überzeugung, gut handeln zu wollen, unerlässlich – insbesondere dann, wenn man nicht dazu gezwungen ist.“, siehe Kapitel 2.1 (S. 6)
[155] Vgl. Rohm (2010), S. 12; Vgl. Schaltegger / Müller (2010), S. 24 f.
[156] Vgl. Schneider / Schmidpeter (2012), S. 18
[157] Vgl. Schneider / Schmidpeter (2012), S. 18
[158] Vgl. Paech (2012), S. 155

ständnisses die theoretische Weiterentwicklung des CSR-Konzepts sowie eine Erfolgsmessung auf Unternehmensebene erschwert.[159]

Im Jahr 2011 erfolgte eine Neudefinition für CSR durch die EU-Kommission, als „Verantwortung von Unternehmen für ihre Auswirkungen auf die Gesellschaft.“[160] Damit wird beabsichtigt, dass „die Unternehmen ihrer sozialen Verantwortung in vollem Umfang gerecht werden, [...] indem soziale, ökologische, ethische, Menschenrechts- und Verbraucherbelange in enger Zusammenarbeit mit den Stakeholdern in die Betriebsführung und in ihre Kernstrategie integriert werden.“[161] Mit diesem neuen Verständnis und einer starken Relativierung des Aspekts der Freiwilligkeit, rückt die EU-Definition deutlich näher an das Nachhaltigkeitsmanagement heran. Des Weiteren wird darauf eingegangen, dass ein spezielles CSR-Konzept unter Berücksichtigung der Art, Größe und Branche des Unternehmens erstellt werden sollte, was ebenfalls dem CS entspricht.[162]

Zusätzlich verweist die EU-Kommission auf die neue ISO 26000, mit der ein weiterer Versuch unternommen wird, einen international anerkannten CSR-Standard zu etablieren. Darin wird allerdings nicht mehr von CSR, sondern von SR (Social Responsibility) gesprochen, was als „Verantwortung einer Organisation für die Auswirkungen ihrer Entscheidungen und Tätigkeiten auf die Gesellschaft und Umwelt durch transparentes und ethisches Verhalten“[163] definiert wird.

Obwohl es offensichtlich eine gewisse Schnittmenge unter den vielen Definitionen und CSR-Konzepten gibt, ist es problematisch, eine allgemein anerkannte, ausreichend breite, sowie deutlich abgrenzende Definition zu finden. Die einzigen Gemeinsamkeiten scheinen zu sein, dass CSR **über die gesetzlichen Bestimmungen hinaus** geht und auf einer **freiwilligen Basis** angewandt wird.[164]

Dieses Problem erkannte auch Alexander Dahlsrud, der 2006 den Übereinstimmungsgrad von 37 CSR-Definitionen aus der Literatur (zwischen 1980 – 2003)

---

[159] Vgl. Schneider / Schmidpeter (2012), S. 18
[160] o.V. (2011): [Europäische Kommission: A], S. 7
[161] o.V. (2011): [Europäische Kommission: A], S. 7
[162] Vgl. Schneider / Schmidpeter (2012), S. 21 ff.
[163] o.V. (2011), [ISO 26000] S. 14
[164] Vgl. Schneider / Schmidpeter (2012), S. 24

untersuchte. Dabei kam er zu dem Ergebnis, dass sich die meisten Definitionen auf fünf abgrenzbare Dimensionen beziehen:[165]

1. Die ökologische Dimension,
2. die soziale Dimension,
3. die ökonomische Dimension,
4. die Stakeholder Dimension
5. und die Dimension der Freiwilligkeit.

Dabei beinhalteten 31 der 37 untersuchten Definitionen die Dimensionen für Ökologie, Soziales und Ökonomie, sowie die Forderung vieler Wissenschaftler diese gleichberechtigt nebeneinanderstehend zu betrachten.[166] Zusätzlich konnte Hardtke bei seinen Untersuchungen der verschiedenen Ansätze herausfiltern, dass alle Konzepte gemeinsam folgende zentrale Prinzipien verantwortungsbewusster Unternehmensführung anerkennen:[167]

1. Ein ethisches Verhalten
2. Die Achtung gesetzlicher Bestimmungen und der Menschenrechte
3. Die Ausrichtung des Verhaltens an anerkannten Standards, Normen und Leitlinien
4. Eine transparente, umfassende und wahrheitsgemäße Berichterstattung zu den Auswirkungen der geschäftlichen Tätigkeiten auf Gesellschaft und Umwelt

Dies bestätigt den Eindruck, dass CSR sich zwar formal dem Nachhaltigkeitsmanagement annähert, aber weiterhin durch den starken Fokus auf die primären Stakeholder eines Unternehmens und die Freiwilligkeit der Aktivitäten abgrenzt, obwohl die gesamte Gesellschaft in den meisten Definitionen sehr wohl ein wichtiger Teil der CSR ist.[168] Paech argumentiert zudem, dass CSR die Dimensionen Ökologie, Soziales und Ökonomie nicht als Handlungsfelder, sondern als Zieldimensionen von Nachhaltigkeitsaktivitäten in Unternehmen versteht und somit in einem deutlich engeren Rahmen als Nachhaltigkeitsmanagement agiert.[169] Zudem lassen die zentralen Prinzipien der verantwortungsbewussten Unternehmensführung erkennen, dass das CSR-Konzept nicht ganz so proaktiv und strukturgestaltend wie das Nach-

[165] Vgl. Rohm (2010), S. 15
[166] Vgl. Rohm (2010), S. 15
[167] Vgl. Hardtke (2010), S. 37
[168] Vgl. Hardtke (2010), S. 36 f.
[169] Vgl. Paech (2012), S. 96 f.

haltigkeitsmanagement aufgestellt ist. Wie bereits zu Beginn der CSR-Definition erwähnt, förderten allerdings gerade diese präzise Abgrenzung und die klaren Zieldimensionen die verstärkte Forschung und Praxisrelevanz des Themas. Aufgrund dieser Ausführungen kann man erkennen, dass CSR einen Teil des unternehmerischen Nachhaltigkeitsmanagements abdeckt und als bekanntester Vertreter der Nachhaltigkeitskonzepte einen erheblichen Teil zum Erreichen einer nachhaltigen Entwicklung leisten kann.[170]

Nach Auffassung des Instituts für Markt-Umwelt-Gesellschaft (IMUG) profitieren Unternehmen durch eine Orientierung am CSR-Konzept auf vielfältige Weise und steigern dadurch unter anderem den Unternehmenswert. Somit würde die Berücksichtigung und der Dialog von und mit Stakeholdergruppen (interne, wie externe) die Attraktivität des Unternehmens erhöhen. Dazu werden folgende Beispiele genannt:[171]

1. Höhere Lebensqualität der Mitarbeiter und der Kommune(n) des Unternehmensumfelds
2. Höhere Kundenzufriedenheit wegen nachhaltigkeitsorientierter Unternehmensstrategie und ökologischer Produkte
3. Verminderte Risiken und besserer Zugang zu Finanzierungsquellen
4. Gute Reputation in der Öffentlichkeit und den Medien

Da der erfolgreiche Stakeholder-Dialog nicht nur Kernthema der Stakeholder-Theorie, sondern auch ein eigenes Nachhaltigkeitskonzept darstellt, wird darauf vertiefend im nächsten Unterkapitel eingegangen.

Im Zusammenhang mit CSR fallen oft die Begriffe Corporate Citizenship (CC) und Corporate Governance (CG). Aus diesem Grund wird zum Abschluss des Themas nun eine Begriffsabgrenzung vorgenommen.

3.2.2.1 Coprorate Citizenship

Im Verständnis des CC wird das Unternehmen als „guter, gesellschaftlich eingebetteter Bürger“ verstanden.[172] Verpflichtungen dabei sind, einen Beitrag zum Gemeinwohl (im gleichen Verhältnis zu seinem Einfluss) zu leisten und sich aktiv für

---

[170] Vgl. Schaltegger / Müller (2010), S. 24 f.
[171] Vgl. Paech (2012), S. 155
[172] Vgl. Schaltegger / Müller (2010), S. 18

Problemvermeidung in seinem Umfeld zu engagieren.[173] CC umfasst als Teilaspekte „Corporate Giving“ (Sponsoring, unentgeltliche Katastrophenhilfe, etc.) und „Corporate Volunteering“ (Förderung ehrenamtlichen Engagements der Mitarbeiter, etc.). In der Literatur wird dieser Ansatz oft als Teilaspekt oder Konkretisierung von CSR angesehen.[174] Um neben dem Nutzen für das Gemeinwesen einen Imagegewinn für das Unternehmen erzeugen zu können, ist eine bewusste und zielgerichtete Kommunikation der Aktivitäten gegenüber den Zielgruppen nötig.[175]

3.2.2.2 Coprorate Governance

Corporate Governance ist die zielgerichtete Steuerung und Kontrolle von Unternehmen und beherbergt Mechanismen zur Steuerung von Kompetenzen, Schaffung von Anreizen, Etablierung von Kontrollprozessen und Koordinierung von externen Beziehungen des Unternehmens.[176] CG umschreibt also ein konzeptionelles System und bietet einen Ordnungsrahmen, um alle internen sowie externen Beziehungen eines Unternehmens möglichst effektiv zu regeln.[177] Diese sogenannte „Verfassung des Unternehmens“[178] kann sowohl rechtsverbindlich (Gesetze, Richtlinien, Weisungen, Verträge), als auch rechtlich unverbindlich sein (Unternehmensleitbild, Code of Conduct).[179] Eine besonders wichtige Stellung nimmt in der Praxis der Code of Conduct ein, der eine freiwillige Selbstverpflichtung darstellt, in der sich Unternehmen bestimmten Verhaltenskodizes unterwerfen. Vor allem für multinationale Konzerne sind diese relevant, um somit für den Konzern global gültige arbeitsrechtliche Bestimmungen und Sozialstandards festzulegen. Sie sollen außerdem Schäden am Ruf von Markennamen verhindern.[180]

3.2.3 Stakeholder Theory

Die Stakeholder Theory wurde von R. Edward Freeman Mitte der 80er Jahre in Zusammenarbeit mit anderen Wissenschaftlern als eine Managementtheorie entwickelt, um neben den Aktionären auch andere Akteursgruppen in die externe Unternehmenskommunikation mit einzubeziehen. Damit traf die Stakeholder Theory genau den Nerv der Zeit, denn aufgrund einer sich immer stärker internationalisierenden

---

[173] Vgl. Hardtke (2010), S. 19
[174] Vgl. Schaltegger / Müller (2010), S. 18
[175] Vgl. Sitzler (2013), S. 28
[176] Vgl. Paetzmann (2012), S.12
[177] Vgl. Hardtke (2010), S. 20
[178] Sitzler (2013), S. 29
[179] Vgl. Hardtke (2010), S. 20
[180] Vgl. Paech (2012), S. 170 f.

Geschäftswelt, hatten Manager (großer Konzerne) plötzlich langfristig die Beziehungen mit vielen verschiedenen Stakeholdergruppen zu pflegen. Sie mussten dafür oft weit über die bisherigen vertraglichen Pflichten hinausgehen. Der Stakeholder-Dialog ist dabei das Kernthema der Stakeholder Theory, da der ständige Dialog nötig ist, um die Stakeholderinteressen als Unternehmen tatsächlich zu kennen.[181] Als direkte Verbindung zur Diskursethik, die sich in vielen Ansätzen der Unternehmensethik wiederfindet,[182] stellt die Stakeholder Theory somit als Managementtheorie einen wichtigen Nachhaltigkeitsansatz dar. Simpel ausgedrückt bezeichnet Stakeholder Theory zunächst einmal das systematische Analysieren von Beziehungen zwischen Unternehmen und deren Stakeholdern (durch den Stakeholder-Dialog), sowie den sich daraus ergebenden Implikationen für unternehmerisches Handeln.[183] In Kapitel 2.3 (S. 18 f.) wurden die Stakeholder von Unternehmen bereits auf einer allgemeinen Basis definiert. Auf dieser Grundlage baut auch die Stakeholder Theory auf.

Heute beschäftigen sich Ethnologen und Wissenschaftler hauptsächlich mit drei Hauptproblemen im Zusammenhang mit Stakeholdern. Diese werden in Tabelle 4 dargestellt. Dabei wurde zwar allen drei Bereichen bereits viel Aufmerksamkeit gewidmet, allerdings besteht aufgrund der Dynamik der Themen und der normativen gesellschaftlichen Werteentwicklung weiterhin viel Diskussionsbedarf.[184]

Identifizierung	Wen sollten Manager eines bestimmten Unternehmens als Stakeholder wahrnehmen?
Verteilung	Wie soll der generierte Nutzen eines Unternehmens verteilt werden?
Prozedur	Ist ein Unternehmen verpflichtet Stakeholder bei Grundsatzentscheidungen mit einzubeziehen?

Tabelle 4: Aktuelle Hauptprobleme der Stakeholder Theory
Quelle: Eigene Darstellung in Anlehnung an o.V. (2012): [Sage], S. 121 ff.

Freemans größter Beitrag war zweifelsohne die Stakeholder Theory nicht nur zu begründen und zu fördern, sondern sie zu instrumentalisieren. Dabei geht er davon aus, dass Unternehmen, die ihre Stakeholderbeziehungen effektiv managen, auch länger überleben und besser performen als Unternehmen, die ihre Stakeholderbeziehungen schlecht managen. In diesem Zusammenhang warnt Freeman vor

[181] Vgl. Kissick (2012), S. 65; Vgl. Paech (2012), S. 156ff
[182] Siehe vergleichsweise Kapitel 2.2.1, Tabelle 2, S. 13
[183] Vgl. o.V. (2012): [Sage], S. 116
[184] Vgl. o.V. (2012): [Sage], S. 121

allem vor einem zu allgemeinen Verständnis für Stakeholder, bei dem die speziellen Gruppen und die komplexen Interdependenzen zwischen diesen ignoriert werden, obwohl gerade diese die Unternehmens-Stakeholder-Interaktionen charakterisieren. Deswegen fordert er eine veränderte Sichtweise, hin zu einer stakeholderspezifischen Sicht, die intergruppale Beziehungen beachtet und ein entsprechend allumfassendes Handeln ermöglicht.[185] Ergänzend verfolgt Freeman die Idee, dass alle primären Stakeholder den gleichen Status im Unternehmen innehaben sollten, da dies ein ethisches Verhalten fördert.[186] Doch genau in dieser Gleichstellung sehen viele Wissenschaftler[187] das Hauptproblem der Stakeholder Theory, indem sie das Prioritätsproblem ansprechen (welche Stakeholder sind am wichtigsten?) und nach Kompromisslösungen suchen. Dies ist allerdings genau das, was die Stakeholder Theory nicht erreichen will – ein Trade-off zwischen Stakeholderinteressen.[188] Ziel ist es zwar zu einer stakeholderspezifischen Sicht zu gelangen, jedoch sind dafür die jeweiligen Interessen gemeinsam zu betrachten, d.h. Interessen zusammenzuführen und nicht gegensätzlich zu verstehen.[189] Nach dem Stakeholderansatz liegt die Hauptverantwortung von Führungskräften darin, so viel Mehrwert wie möglich für alle Stakeholder zu schaffen, ohne in einen Kompromiss zu flüchten. Beim Auftreten von Interessenkonflikten sind Entscheidungsträger dazu aufgefordert, einen anderen Weg zu finden und die Problemstellung so zu überdenken, dass alle Interessen bedient werden können oder gar ein Mehrwert für alle entsteht.[190]

Der Stakeholder Ansatz bedeutet jedoch nicht, dass Manager jedem Anliegen partout nachgeben müssen. Viel wichtiger ist es, dass verantwortliche Manager mehr Arbeit investieren und Anliegen im Dialog mit den verschiedenen Stakeholdergruppen (1) entdecken, (2) verstehen und (3) mitgestalten, um diese entsprechend reflektieren zu können. Auf einer solchen Basis kann gewissenhaft entschieden werden, welchen Anliegen das Unternehmen in welcher Art und Weise nachkommen sollte. Bei der Entscheidung, einem Anliegen nicht nachzukommen, müssen solide

[185] Vgl. o.V. (2012): [Sage], S. 118 ff.
[186] Vgl. Freeman (2012), S. 224
[187] Dies wird zum Beispiel in der Definition von Göbel [(2010), S. 144] ersichtlich: „Stakeholdermanagement aus Verantwortung stellt dagegen nicht die Interessen einer Gruppe, nämlich die der Shareholder, a priori über die der anderen, sondern strebt einen gerechten Ausgleich verschiedener legitimer, möglicherweise aber konkurrierender Forderungen an."
[188] Beispiel: Sollten wir die Investitionen für ein neues Kundenprodukt verzögern und somit zunächst erst mal etwas höhere Gewinne einfahren?
[189] Beispiel: Wie können wir in neue Produkte investieren und dadurch unsere Gewinne steigern?
[190] Vgl. Freeman (2012), S. 27 f.

und vertretbare Gründe[191] vorliegen, die die getroffene Entscheidung erklären können, ohne den Diskurs mit der Öffentlichkeit zu fürchten.[192] Paech deutet die Vorteile, die sich aus einem proaktiv geführten Stakeholder-Dialog ergeben, analog zu den drei zuvor genannten Anforderungen an Manager, sodass der Prozess in ein Drei-Phasen-Modell übertragen werden kann:[193]

Phase	Managementaufgabe	Ein offener Dialog dient als...
1	Interessen entdecken (Kontakt aufnehmen)	vertrauensbildende Maßnahme zwischen den Parteien
2	Interessen verstehen (Ursachen und Hintergründe)	Frühwarnsystem, um externe Entwicklungen und ihre Auswirkungen auf ein Unternehmen besser abzuschätzen
3	Interessen mitgestalten (Interessen zusammenführen)	Möglichkeit die Verbindung zwischen den Dialogpartnern noch stärker zu festigen (z.B. gemeinsame Projekte)

Tabelle 5: Phasen des Stakeholder-Dialogs
Quelle: Eigene Darstellung

Durch die Öffnung von Unternehmen, die sich durch den Stakeholder-Dialog ergibt, erhöht sich gleichzeitig die Wahrscheinlichkeit, dass externe Interessen und gesellschaftliche Werte die Nachhaltigkeitsstrategie der Unternehmen positiv beeinflussen. Der Stakeholder-Dialog hilft dabei, den Nachhaltigkeitsbegriff im Einklang mit dem Umfeld zu klären und mit Inhalten zu besetzen. Da dieses Vorgehen dazu beiträgt wirtschaftliche Risiken zu minimieren, haben der FTSE4Good und andere nachhaltigkeitsorientierte Börsenindices mit dieser Begründung den Stakeholder-Dialog als Bewertungskriterium aufgenommen.[194]

Bereits 1995 konnte Thomas Jones erstmals nachweisen, dass es sich positiv auf finanzielle Bereiche des Unternehmens auswirkt, wenn Stakeholderbeziehungen entsprechend umfassend und dauerhaft gepflegt werden. Dabei ist eine seiner Kernaussagen, dass Unehrlichkeit und Nützlichkeitspolitik von Unternehmen zu unglücklichen Stakeholdern und somit höheren Transaktionskosten bei Vertragsabschlüssen führt. Dies hat zur Folge, dass Stakeholder (und somit auch Shareholder) von Beginn

[191] An dieser Stelle baut die Stakeholder Theory auf der in Kapitel 2.1 (S. 8) vorgestellte „Öffentlichkeit als Ort der Moral" von Kant auf: Eine moralische Entscheidung darf den öffentlichen Diskurs nicht meiden.
[192] Vgl. Wicks (2010), S. 77
[193] Vgl. Paech (2012), S. 157
[194] Vgl. Paech (2012), S. 158

an eine Art Risikoprämie verlangen, um zukünftige Gewinnausfälle durch Nützlichkeitspolitik und schlechtes Stakeholdermanagement des Unternehmens abzusichern. Ehrliche und vertrauenswürdige Unternehmen dagegen haben geringere Transaktionskosten beim Vertragsabschluss, zusätzliche Wettbewerbsvorteile und letztendlich auch eine bessere finanzielle Leistung.[195]

Mehr Studien und Untersuchungen, die auch in diesem Zusammenhang verwendet werden, sind in der bekannteren CSR-Literatur wiederzufinden und auch Freeman beschreibt das Feld der CSR als seine intellektuelle Herkunft.[196] Er schätzt dabei sehr die Arbeit von Donna Wood, die er als eine Art Brückenschlag zwischen CSR und Stakeholder Theory sieht. Er beruft sich damit auf Woods Forderung einer veränderten Sichtweise vom Shareholder Value – dessen einziges monetäres (und laut Friedman auch soziales)[197] Ziel die Profitmaximierung ist – hin zu einer sozialeren Wirtschaft. Eine Wirtschaft, in der der Zweck von Unternehmen auch darin liegen muss, größere soziale Interessen zu berücksichtigen. Damit soll jedoch nicht zum Ausdruck gebracht werden, dass der Shareholder Value Ansatz zu vernachlässigen ist, sondern viel mehr, dass er in eine allumfassendere Stakeholder Sichtweise eingebettet werden müsste.[198] Dazu wählt die Stakeholder Theory einen sehr pragmatischen Weg. Sie sieht die Shareholder einfach als eine von mehreren Interessengruppen, die zum Erfolg des Unternehmens beitragen.[199] Folglich wird das Unternehmen als eine Art Treuhänder für die Interessen diverser Stakeholdergruppen gesehen. Dabei haben Entscheidungsträger eine moralische Verpflichtung bei der Steuerung von Unternehmensaktivitäten und sollten stets ein angebrachtes Gleichgewicht zwischen den Stakeholderinteressen erhalten.[200]

Während Freeman in Woods Äußerungen einen wegweisenden Schritt des CSR hin zur Stakeholder Theory sieht,[201] muss an dieser Stelle jedoch der Unterschied der beiden Ansätze hervorgehoben werden. Denn CSR sieht die Unternehmen in der Pflicht, sich bei gesellschaftlichen Problemen und Belangen für deren Verbesserung

[195] Vgl. Jones / Quinn (1995), S. 404 ff.
[196] Vgl. o.V. (2012): [Sage], S. 126
[197] Damit folgt Friedman dem in Kapitel 2.2 vorgestellten idealtypischem Ansatz von Homann
[198] Vgl. Freeman (2012), S. 242
[199] Siehe Kapitel 2.3, S. 18 f.
[200] Vgl. Gray / Balmer / Fukukawa (2007), S. 10
[201] Vgl. Freeman (2012), S. 242

einzusetzen. Die Stakeholder Theory jedoch bezieht sich auf die **Verbindung**, die zwischen Unternehmen und Gesellschaft herrscht. Während die Stakeholder Theory die Verantwortung von Unternehmen darin sieht, die langfristigen Interessen der eigenen Stakeholder zu verfolgen, beabsichtigt CSR (wie das Nachhaltigkeitsmanagement) die Probleme der gesamten Gesellschaft mit anzugehen.[202]

Diese unterschiedlichen Herangehensweisen verdeutlichen die verschiedenen Ebenen, die von den beiden Ansätzen angesprochen werden. Denn im Gegensatz zu CSR kann die Stakeholder Theory nicht als (politische) Systemtheorie, sondern explizit nur als **Management Theorie** verstanden werden.[203]

Aus diesem Grund sprechen sich selbst Stakeholder-Theoretiker gegen eine Stakeholder-Economy aus, da somit aus einer Organisationstheorie eine Volkswirtschaftstheorie würde, was Grundsatzideen des Ansatzes widerspräche.[204] Trotzdem spielt die Stakeholder Theory für das Stakeholderverständnis und den Stakeholder-Dialog eine wichtige Rolle in der Nachhaltigkeitsdiskussion. Außerdem ist sie die Schnittstelle zwischen Organisations- und Systemtheorie, wodurch eine oft entscheidende Lücke zwischen Gesellschaft und Unternehmen geschlossen werden kann und somit erst eine nachhaltige Entwicklung ermöglicht wird. Die Stakeholder Theory ist deswegen ein Ansatz, der andere Nachhaltigkeitsbemühungen sinnvoll ergänzt und nicht mit ihnen konkurriert.[205]

3.2.4 Nachhaltigkeitsberichterstattung

Wie bereits des Öfteren in dieser Arbeit erwähnt, werden Unternehmen immer häufiger für ihre Tätigkeiten und die dadurch verursachten Auswirkungen zur Verantwortung gezogen.[206] Dabei hat sich die Nachhaltigkeitsberichterstattung als wichtiges Instrument zur Kommunikation mit den Stakeholdern eines Unternehmens entwickelt[207] und laut einer Studie von KPMG in 2013 endgültig durchgesetzt, nachdem bereits 93% der 250 größten Unternehmen der Welt (G 250) über ihr Nachhaltigkeitsengagement berichten.[208] Auf diese Weise dokumentieren Unternehmen, wie sie

[202] Vgl. Wicks (2010), S. 77
[203] Vgl. Freeman (2012), S. 224
[204] Vgl. Kissick (2012), S. 71
[205] Vgl. Kissick (2012), S. 61 ff.
[206] Vgl. Hahn / Lülfs (2013), S. 1
[207] Vgl. Paech (2012), S. 166
[208] Vgl. Reuter / Blees (2013)

der von Stakeholdern eingeforderten Verantwortung in den Bereichen Ökonomie, Ökologie und Soziales nachkommen.[209] Nachhaltigkeit bedeutet in diesem Zusammenhang jedoch nicht, die Sozialleistung eines Unternehmens auf Kosten der ökonomischen und ökologischen Leistung zu steigern, sondern vielmehr die integrative Betrachtung der drei Dimensionen, indem vorhandene Zielkonflikte, Synergien und Interdependenzen aufgezeigt und für alle vorteilhaft genutzt werden.[210] Demnach ist das Ziel der Nachhaltigkeitsberichterstattung die synchrone Optimierung der drei Zieldimensionen.[211]

In Deutschland ist zu beachten, dass es keine gesetzlichen Vorschriften zur Nachhaltigkeitsberichterstattung gibt und die Berichte lediglich auf freiwilliger Basis erstellt werden.[212] Daraus kann geschlossen werden, dass deutsche Unternehmen gemäß dem wirtschaftsorientierten Ansatz der freiwilligen Selbstauskunft berichten, um Informationsasymmetrien zwischen Managern und externen Stakeholdern zu reduzieren und somit diesen gegenüber eine gute Nachhaltigkeitsleistung zu signalisieren. Dieses Vorgehen baut auf der Signaling Theory auf, die „guten Unternehmen" beim Bestehen von Informationsasymmetrien vorschlägt, die schlechter informierte Seite mit glaubwürdigen Informationen auszustatten und somit Informationsasymmetrien zu eigenen Gunsten abzubauen. Die Nachhaltigkeitsleistung eines Unternehmens kann in diesem Zusammenhang als asymmetrische Information bezeichnet werden, da es für Interessierte außerhalb des Unternehmens sehr schwer ist, vertrauliche Informationen zu Nachhaltigkeitsaspekten zu erhalten. Ein proaktives Berichtswesen ermöglicht in diesem Zusammenhang mehr Erfolg und Zugang zu Kapitalmärkten, da immer mehr Investoren und Ratingagenturen eben auch Nachhaltigkeitsaspekte in ihre Entscheidung mit einbeziehen, wie z.B. die Global Sustainable Investment Alliance.[213]

Es ist festzuhalten, dass sich Unternehmen bei der Entscheidungsfindung über negative Aspekte zu berichten in einem Zwiespalt befinden. Das Berichten von ungünstigen Beurteilungen kann zwar auf der einen Seite die unternehmerische Legitimität in Frage stellen, wenn beispielsweise verursachte Umweltschäden gesundheit-

[209] Vgl. Paech (2012), S. 167
[210] Vgl. Quick / Knocinski (2006), S. 616
[211] Vgl. Paech (2012), S. 167
[212] Vgl. Quick / Knocinski (2006), S. 639
[213] Vgl. Hahn / Lülfs (2013), S. 1 ff.

liche Schäden mit sich bringen und diesen nach dem Verständnis der Stakeholder nicht zu genüge nachgekommen wird. Eine solche Reputation kann schnell dazu führen, dass sich auch die finanzielle Leistung (aufgrund von höheren Anlagerisiken an den Börsen oder Absatzproblemen am Markt) verschlechtert. Auf der anderen Seite kann jedoch das Verschleiern oder nicht Publizieren negativer Aspekte zu Skepsis gegenüber der Nachhaltigkeitsberichterstattung eines Unternehmens führen, wenn diese später trotzdem öffentlich bekannt werden. Dies hätte dann ebenfalls Vertrauensverlust und eine damit einhergehende Verschlechterung der finanziellen Leistung zur Folge. Diese einfachen Beispiele verdeutlichen die schwierige Lage der Unternehmen, die ohne gesetzlich verbindliche Standards in der Nachhaltigkeitsberichterstattung jeweils den richtigen Mittelweg für sich finden müssen.[214]

Mithilfe von zuverlässigen Nachhaltigkeitsberichten sollen also Informations- und vor allem Vertrauensdefizite beiseite geräumt werden. Auf der einen Seite bildet dies die starke Orientierung an den Informationsbedürfnissen und Interessen der relevanten Stakeholder ab, wodurch die direkte Verbindung zur Stakeholder Theory offensichtlich wird (der Nachhaltigkeitsbericht stellt dabei ein Kommunikationsinstrument dar).[215] Auf der anderen Seite wird jedoch auch klar, wie wichtig eine starke Vertrauensbasis ist, um der sich aufdrängenden Befürchtung entgegenzuwirken, dass Unternehmen willkürlich nur positive oder verschönerte Aspekte berichten.[216] Demnach stellt sich für Unternehmen heute selten die Frage „Soll ein Nachhaltigkeitsbericht erstellt werden?“, sondern viel eher „Was sollte berichtet werden und auf welche Art und Weise?“. Die aktuelle Diskussion dreht sich deswegen vorwiegend darum, wie die relevanten Aspekte aus Sicht der Stakeholder und Unternehmen identifiziert und ehrlich kommuniziert werden können.[217] In diesem Zusammenhang ist auch das moralische Handeln als Kernthema des Nachhaltigkeitsgedanken und die Publizitätsmaxime Kants zu beachten.[218]

Um diese Fragen zu klären, existieren mittlerweile einige Initiativen zur Entwicklung von Standards, die versuchen, eine Basis für eine vergleichbare, glaubwürdige und transparente Nachhaltigkeitsberichterstattung zu gestalten. Die neuesten Entwick-

[214] Vgl. Hahn / Lülfs (2013), S. 2
[215] Vgl. Müller (2011), S. 131
[216] Vgl. Paech (2012), S. 167
[217] Vgl. Reuter / Blees (2013)
[218] Siehe Kapitel 2, S. 8

lungen werden durch eine wachsende Masse von Literatur, Fachbeiträgen aber auch interessierten Managern begleitet und kommentiert.[219]

Der aktuell wichtigste Versuch, die Nachhaltigkeitsberichterstattung international zu standardisieren, kommt dabei von der Global Reporting Initiative und wird im Kapitel 3.3.5 (S. 55 ff.) gesondert vorgestellt.[220]

3.2.5 Ökoeffizienz

Wie bereits in Kapitel 3.1 (S. 21) beschrieben, ist unser aktueller Ressourcenverbrauch weit von dem entfernt, was als nachhaltig angesehen wird. Der WWF prognostiziert, dass wir bis 2030 mit dem aktuellen Ressourcenhunger und Bevölkerungswachstum sogar zwei Planeten (anstatt der bisher 1,47 Planeten) bräuchten, um unseren Konsum zu decken.[221]

Diese Ansicht und die Absicht zu handeln[222] lässt dann nur zwei mögliche Optionen:[223]

1. Akzeptanz von Grenzen der wirtschaftlichen Entwicklung unter Aufrechterhaltung der aktuellen Ressourceneffizienz.
2. Verbesserung der Effizienz und des Ressourcenverbrauchs, um weiterhin globale Wirtschaftsentwicklung zu ermöglichen.

Die erste Option bedarf einer verstärkten Regulierung und hätte zur Folge, dass durch das Festlegen von Obergrenzen der zur Verfügung stehenden Ressourcen ein Ende des wirtschaftlichen Wachstums bevorstehen würde. Allerdings basieren jegliche Wirtschaftssysteme und der damit einhergehende Frieden auf dem Wachstumsgedanken, wodurch diese Option als nicht umsetzbar erscheint. So scheint die Idee der Erhöhung der Ressourceneffizienz der aktuell einzig realisierbare Weg, um einen globalen Wandel hin zu nachhaltigen Lebensstilen und Geschäftspraktiken anzugehen.[224] Dieses Verständnis ist die Geburtsstunde für den Öko-Effizienzansatz.

---

[219] Vgl. Hahn / Lülfs (2013), S. 3
[220] Vgl. Paech (2012), S. 166; Vgl. Gray (2010), S. 6; Vgl. Lackmann (2010), S. 39; Vgl. Henle (2008), S. 39; Vgl. Hahn / Lülfs (2013), S. 2; Vgl. Müller (2011), S. 132
[221] Vgl. o.V. (2012): [WWF], S. 6
[222] Siehe Kapitel 3.1, S. 21 ff.
[223] Vgl. Hirschnitz-Garbers / Montevecchi / Martinuzzi (2013), S. 2012
[224] Vgl. Hirschnitz-Garbers / Montevecchi / Martinuzzi (2013), S. 2012

Ökoeffizienz

Der Ökoeffizienzansatz adressiert das Konfliktfeld zwischen ökonomischen und ökologischen Interessen (als Teilaspekt des moralischen Handelns). Der Begriff Ökoeffizienz wird mit der gemeinsamen Betrachtung einerseits des wirtschaftlich Sinnvollen und anderseits des ökologisch Verträglichen besetzt. Das Ziel ist es das Komplementaritätsproblem der beiden Dimensionen zu lösen. In der Praxis setzte sich deswegen der ökonomisch-ökologisch orientierte Ansatz als wegweisend durch.[225] Von diesem Ansatz ausgehend, kann Ökoeffizienz als „das ökonomisch Sinnvolle zu unternehmen, ohne das ökologisch Notwendige zu vernachlässigen“[226] beschrieben werden. Ziel ist es, ein optimales Verhältnis zwischen Input und Output bzw. Aufwand und Nutzen zu erreichen. Damit wird Effizienz quantifizierbar und versucht, gemäß dem wirtschaftlichen Verständnis mit einem minimalen Einsatz von Produktionsfaktoren (Kosten) ein verbessertes Produktions- bzw. Dienstleistungsergebnis zu erzielen.[227] Die Ökoeffizienz setzt somit auf den Grundpfeilern der Betriebswirtschaft auf, da die Steigerung von Effizienz und Produktivität zu den grundlegenden Zielen einer Unternehmung gehört. Dadurch wird eine starke Kompatibilität zu den normalen Unternehmensaktivitäten hergestellt, die eine win-win Situation erzeugen soll.[228]

Der Ansatz der Ökoeffizienz zielt demnach auf eine relative Reduktion der ökologischen Belastung bzw. eine relative Leistungssteigerung ab, wodurch sich zwei Prinzipien ableiten lassen:

- **Maximalprinzip:** weniger negative Umweltauswirkung bei gleichem Ressourceneinsatz
- **Minimalprinzip:** gleiche Umweltauswirkung bei weniger Ressourceneinsatz[229]

Dadurch soll erreicht werden, dass der Ressourcenverbrauch im Gegensatz zum Wirtschaftswachstum langsamer zunimmt und somit eine Entkopplung des Wirtschaftswachstums vom Ressourcenverbrauch stattfindet. Weiter geht die Absicht der absoluten Reduktion, die eine Verringerung oder mindestens Stagnation des ab-

---

[225] Vgl. Czymmek (2004), S. 34
[226] Czymmek (2003), S. 44
[227] Vgl. Carnau (2011), S. 24
[228] Vgl. Baumgartner / Biedermann (2009), S. 9
[229] Vgl. Tschandl / Posch (2012), S. 15

soluten Ressourcenverbrauchs als Absicht hat und als ultimatives Ziel des Ökoeffizienzansatzes gilt.[230]

Auf dieser Basis hat die UNEP[231] durch das „International Resource Panel“[232] und die Europäische Kommission 2011 mit dem „Fahrplan für ein ressourcenschonendes Europa“[233] das Ziel der relativen, sowie absoluten Entkopplung vorgeschlagen, um das langfristige Ziel einer nachhaltigen Entwicklung zu ermöglichen.

Auf Unternehmensebene ist die BASF das bekannteste Beispiel für die Nutzung und Entwicklung der Ökoeffizienz-Analyse als Entscheidungsfindungsinstrument.[234] Diese wurde innerhalb der BASF bereits bei über 400 Projekten angewandt.[235]

Auf die Gefahren des Ökoeffizienzansatzes wird später in der Diskussion in diesem Kapitel unter dem Punkt 3.6 (S. 69 ff.) eingegangen.

3.3 Institutionelle Handlungsempfehlungen und Standardisierungskonzepte

3.3.1 UN Global Compact

Der „Global Compact“ (UNGC) wurde 1999 von dem damaligen UN-Generalsekretär Kofi Annan auf dem Weltwirtschaftsforum in Davos (Schweiz) vorgestellt und rückt vor allem global agierende Unternehmen (Global Player) ins Rampenlicht, um eine nachhaltige Entwicklung zu erreichen. Diese Initiative setzt auf Freiwilligkeit und ist als ein Aufruf für Unternehmen zu verstehen, nachhaltig zu handeln.[236]

Das zentrale Ziel des Global Compact sind zehn Prinzipien, die weltweit in unternehmerisches Handeln integriert werden sollen, um somit eine nachhaltige Entwick-

[230] Vgl. Hirschnitz-Garbers / Montevecchi / Martinuzzi (2013), S. 2013
[231] engl. United Nations Environment Programme
[232] Vgl. o.V. (2011): [UNEP]
[233] Vgl. o.V. (2011): [Europäische Kommission: B]
[234] Vgl. Kicherer / Schaltegger / Tschochohei / Ferreira Pozo (2007), S. 537
[235] Vgl. http://www.basf.com/group/corporate/de/sustainability/eco-efficiency-analysis/what-is [12.12.2013]
[236] Vgl. Ulshöfer / Bonnet (2009), S. 9

lung zu ermöglichen, aber auch andere Ziele der UN zu verfolgen.[237] Die zehn Prinzipien werden in Tabelle 6 dargestellt:

Bereich: Menschenrechte	
Prinzip 01	Unternehmen sollen den Schutz der internationalen Menschenrechte unterstützen und achten.
Prinzip 02	Unternehmen sollen sicherstellen, dass sie sich nicht an Menschenrechtsverletzungen mitschuldig machen.
Bereich: Arbeitsnormen	
Prinzip 03	Unternehmen sollen die Vereinigungsfreiheit und die wirksame Anerkennung des Rechts auf Kollektivverhandlungen wahren.
Prinzip 04	Unternehmen sollen sich für die Beseitigung aller Formen der Zwangsarbeit einsetzen.
Prinzip 05	Unternehmen sollen sich für die Abschaffung von Kinderarbeit einsetzen.
Prinzip 06	Unternehmen sollen sich für die Beseitigung von Diskriminierung bei Anstellung und Erwerbstätigkeit einsetzen.
Bereich: Umweltschutz	
Prinzip 07	Unternehmen sollen im Umgang mit Umweltproblemen dem Vorsorgeprinzip folgen.
Prinzip 08	Unternehmen sollen Initiativen ergreifen, um größeres Umweltbewusstsein zu fördern.
Prinzip 09	Unternehmen sollen die Entwicklung und Verbreitung umweltfreundlicher Technologien beschleunigen.
Bereich: Korruptionsbekämpfung	
Prinzip 10	Unternehmen sollen gegen alle Arten der Korruption eintreten, einschließlich Erpressung und Bestechung.

Tabelle 6: Die zehn Prinzipien des Global Compact
Quelle: Eigene Darstellung in Anlehnung an: http://www.unglobalcompact.org [16.12.2013]

Mit dem Ziel, weltweit möglichst viele international agierende Unternehmen zum Bündnisbeitritt zu bewegen, zählt der Global Compact 2013 bereits 8.700 Mitglieder aus 140 Ländern, die sich verpflichtet haben, die zehn Prinzipien in ihre Geschäftspraktiken zu integrieren.[238] Nach Angaben des deutschen Global Compact Netzwerkes nehmen in Deutschland aktuell knapp 250 Unternehmen teil, wobei von den DAX30-Unternehmen 24 zum Netzwerk gehören.[239]

Ein Unternehmen tritt dem Global Compact bei, indem es sich in einer schriftlichen Erklärung an den UN-Generalsekretär zu den zehn Prinzipien bekennt. Zudem

[237] Vgl. Dubielzig (2008), S. 42 f.
[238] Vgl. http://www.unglobalcompact.org/Languages/german/index.html [16.12.2013]
[239] Vgl. http://www.globalcompact.de/themen/deutsches-global-compact-netzwerk [16.12.2013]

werden seit 2008 regelmäßige Fortschrittsmitteilungen (besser bekannt als Communication on Progress (COP)) gefordert, die auf der Homepage des UNGC zur Verfügung gestellt werden, um somit die Transparenz in Bezug auf die Umsetzung der zehn Prinzipien zu erhöhen. In diesen sollen Unternehmen Stellung zur Integration der Prinzipien in die Geschäftspraktiken nehmen,[240] womit einem zentralen Kritikpunkt vieler NGOs nachgekommen wurde. Sie forderten die Einführung von Sanktions- und Kontrollmechanismen, umso die befürchtete selektive Umsetzung der Prinzipien zu vermeiden.[241] Seit der Einführung des COP wurden bereits über 600 Unternehmen aus dem Global Compact ausgeschlossen.[242] Allerdings ist trotzdem weiterhin kritisch zu sehen, dass bereits die Absichtserklärung und Bemühungen zur Umsetzung zum Erreichen des Teilnehmerstatus genügen, wodurch auch Unternehmen, die nicht alle zehn Prinzipien erfüllen am UNGC teilnehmen (können).[243]

Der Global Compact dient derzeit aufgrund seiner fehlenden Kontrollmechanismen und Konsequenzen, sowie des geringen Mehraufwands der Berichtserstattung oft als erster Schritt für Nachhaltigkeitsaktivitäten.[244] Dass dies nicht nur die Ansicht vieler Wissenschaftler ist, belegen auch die starken Zuwachsraten der Teilnehmer, die den UNGC zur weltweit größten Initiative gesellschaftlich engagierter Unternehmen machen.[245]

3.3.2 OECD-Leitsätze für multinationale Unternehmen

Die OECD-Leitsätze für multinationale Unternehmen sind Richtlinien für verantwortungsvolles unternehmerisches Handeln und stellen die bislang umfangreichsten Handlungsempfehlungen dar, mit dem sich die Regierungen der Teilnehmerstaaten an die Wirtschaft wenden. Diese sind für Unternehmen gültig, die aus einem der OECD-Länder agieren oder in einem OECD-Land tätig sind. Zur Förderung und Überprüfung der Anwendung der Leitsätze werden in den OECD-Ländern sogenannte nationale Kontaktstellen (NKS) etabliert. Diese sind zuständig für die Einleitung von Vermittlungsverfahren sowie die Veröffentlichung eines Verstoßes, wenn diese Verhandlungen scheitern.[246]

[240] Vgl. Henle (2008), S. 24 f.
[241] Vgl. Fonari (2005), S. 36 ff.
[242] Vgl. Müller-Christ (2011), S. 12
[243] Vgl. Beiersdorf / Schwedler (2013), S. 47
[244] Vgl. Beiersdorf / Schwedler (2013), S. 47
[245] Vgl. http://www.unglobalcompact.org/Languages/german/index.html [16.12.2013]
[246] Vgl. Henle (2008), S. 27

Die Leitsätze beruhen auf dem Prinzip der Freiwilligkeit und haben keinen gesetzlich verpflichtenden Charakter für die Unternehmen, stellen jedoch eine Ergänzung zum bestehenden (inter-)nationalen Recht dar und sind für Verhaltensweisen bestimmt, die nicht durch Gesetze geregelt sind. Die Leitsätze sind der einzige international vereinbarte Kodex für moralisches unternehmerisches Handeln, zu dessen Förderung und Einhaltung sich die Regierungen der Mitgliedsländer verpflichteten.[247]

Die in 2011 beschlossene Neufassung beinhaltet folgende zehn Kernpunkte:[248]

1. **Allgemeine Grundpflichten**
   In den ersten beiden Kapiteln werden Grundbegriffe des Leitfadens erklärt und anschließend die grundlegenden Handlungsempfehlungen an Unternehmen zusammengefasst sowie deren Ziele erläutert. Zu diesen gehören die nachhaltige Entwicklung, Förderung lokaler Ressourcen und das Humankapital.
2. **Offenlegung von Informationen**
   Die OECD sieht die Offenlegung von Informationen als bedeutsamste vertrauensbildende Maßnahme an. Deswegen wird von Unternehmen gefordert, die Öffentlichkeit nicht nur über die Geschäftsergebnisse zu informieren, sondern auch über soziale und umweltrelevante Fragen mit deren absehbaren Risiken rechtzeitig und regelmäßig zu berichten.
3. **Menschenrechte**
   Unternehmen aller Größen, Branchen und Strukturen werden dazu aufgefordert, die Menschenrechte zu respektieren. Die OECD unterstreicht nicht nur die menschenrechtliche Verantwortung von Unternehmen, sondern bietet in diesem Kapitel wichtige Kriterien und Instrumente, um der Verantwortung nachzukommen. Unternehmen werden aufgefordert, ihrer Sorgfaltspflicht (in der aktuellen Nachhaltigkeitsdiskussion taucht der Begriff „due diligence“ häufig auf) nachzukommen und negativen Auswirkungen aktiv vorzubeugen.
4. **Beschäftigung und Beziehungen zwischen den Sozialpartnern**
   In diesem Kapitel wird auf die international akzeptierten Kernarbeitsnormen der Internationalen Arbeitsorganisation (IAO)[249] verwiesen bzw. diese im größten Teil wiedergegeben. Dazu gehören unter anderem die Vereinigungs- und

[247] Vgl. o.V. (2011): [OECD], S. 3
[248] Vgl. o.V. (2012): [BMWi], S. 8 ff.
[249] Englisch: International Labour Organization (ILO)

Tarifvertragsfreiheit, die Beseitigung von Diskriminierungen im Arbeitsleben und die Abschaffung aller Formen von Zwangs- und Kinderarbeit.

5. **Umwelt**
   Den Unternehmen wird empfohlen, ein effizientes Umweltmanagement zu etablieren und damit einhergehend eine transparente und regelmäßige Umweltberichterstattung einzuführen. Dabei soll sich am Vorsorgeprinzip orientiert und eine effektive Krisenplanung für den Fall von Umweltfolgeschäden entwickelt werden. Eine ständige Bemühung zur Verbesserung der Umweltergebnisse wird gefordert.

6. **Bekämpfung von Bestechung, Bestechungsgeldforderungen und Schmiergelderpressung**
   Unternehmen sollen Korruption aktiv bekämpfen. Für Aufträge sollen weder direkt noch indirekt Bestechungsgelder angeboten, versprochen, gewährt oder gefordert werden. Forderungen nach Bestechungsgeldern sollen zurückgewiesen werden und Unternehmen sind aufgefordert, regelmäßig deren Aktivitäten gegen Korruption transparent zu machen.

7. **Verbraucherinteressen**
   Um die Verbraucherinteressen zu schützen, wird Unternehmen nahegelegt, stets faire Geschäfts-, Vermarktungs- und Werbepraktiken auszuüben sowie die Qualität und Sicherheit der Güter und Dienstleistungen zu gewährleisten. Dazu gehören beispielsweise der Schutz persönlicher Daten und die Zurverfügungstellung ausreichender Produktinformationen.

8. **Wissenschaft und Technologie**
   Unternehmen sollen Verfahren anwenden, die zwar einerseits den Schutz der Rechte des geistigen Eigentums gebührend berücksichtigen, aber andererseits trotzdem den Transfer und eine schnelle Verbreitung von Technologien und Wissen erlauben.

9. **Wettbewerb**
   Unternehmen sollen den Wettbewerb schützen, die Regeln des fairen Wettbewerbs befolgen und keine wettbewerbswidrigen Kartelle errichten. Die wettbewerbsrechtlichen Bestimmungen der jeweiligen Länder sind zu beachten.

10. Besteuerung

Unternehmen sollen ihren Beitrag zu den öffentlichen Finanzen nach den Steuernormen der jeweiligen Gastländer leisten und mit den Steuerbehörden zusammenarbeiten.

Häufig wird von Seiten der NGOs kritisch bemerkt, dass die Reichweite der Leitsätze angesichts der Zulieferer, Geschäfts- und Handelsbeziehungen sowie bei Krediten zu gering ist.[250]

3.3.3 Der deutsche Nachhaltigkeitskodex

Der deutsche Nachhaltigkeitskodex (DNK) ist im Gegensatz zu allen anderen Handlungsempfehlungen lediglich an deutsche Organisationen gerichtet. Er ist als Standard für die Transparenz von Nachhaltigkeitsmanagementsystemen von Unternehmen in Deutschland gedacht und zielt darauf ab, dies durch eine vergleichbare Berichterstattung voranzutreiben.[251]

Beschlossen wurde der DNK vom Rat für Nachhaltige Entwicklung, der zunächst dessen Entwicklung im Dialogprozess mit verschiedenen Stakeholdern steuerte. Der Rat empfiehlt der deutschen Politik und Wirtschaft eine umfassende Anwendung des DNKs als freiwilliges Instrument im Sinne der freiwilligen Selbstauskunft gegenüber der interessierten Öffentlichkeit. Allerdings benötigt diese Selbstauskunft nach Ansicht des Rates keine externe Überprüfung, sondern soll hauptsächlich als Einstieg in den Stakeholder-Dialog zur unternehmerischen Nachhaltigkeitsleistung genutzt werden. Zur Erhöhung der Wirksamkeit und Glaubwürdigkeit des DNK, wird die Zuverlässigkeit der nötigen Entsprechenserklärung von unabhängigen Dritten durch ein Testat bestätigt. Zum Erfüllen des Kodex ist eine Nachhaltigkeitsberichterstattung nach dem höchsten Berichtsstandard der GRI (umfassender Bericht)[252] nötig.[253]
Die offenzulegenden Informationen und Kennzahlen lassen sich in vier Bereiche untergliedern:[254]

[250] Vgl. Henle (2008), S. 27 f.
[251] Vgl. Colsman (2013), S. 21
[252] Zum GRI-Standard siehe Kapitel 3.3.5, S. 55 ff.
[253] Vgl. o.V. (2012): [Rat für nachhaltige Entwicklung], S. 2 f.
[254] Vgl. Colsman (2013), S. 21 ff.

1. **Nachhaltigkeitsstrategie**

   In diesem Bereich geht es um die transparente Darstellung der Chancen und Risiken bezüglich der nachhaltigen Entwicklung und das Offenlegen der Nachhaltigkeitsaktivitäten. Zu allen Nachhaltigkeitsaspekten sollen die wesentlichen Maßnahmen und deren systematische Umsetzung aufgezeigt werden. Dabei ist es essentiell die qualitativen und quantitativen Nachhaltigkeitsziele zeitlich realisierbar und messbar zu definieren sowie deren Fortschritt darzustellen. Ebenso sind Angaben über den regelmäßig geführten Stakeholder-Dialog und die Tiefe der Wertschöpfungskette, die aktiv auf Nachhaltigkeitskriterien überprüft wird, zu machen.

2. **Prozessmanagement**

   Der DNK fordert die Unternehmen dazu auf, nachvollziehbar darzustellen, mit welchen Regeln und Prozessen die Nachhaltigkeitsstrategie in das Unternehmen integriert wird. Ein zentraler Punkt stellt dabei der Stakeholder-Dialog dar, dessen Ergebnisse in den Nachhaltigkeitsprozess zu integrieren sind. Ebenso wird erwartet, dass Leistungsindikatoren zur Nachhaltigkeit in Planung und Kontrolle integriert werden. Der Prozess soll durch eine regelmäßige Prüfung auf ökonomische, gesellschaftliche und ökologische Auswirkungen des Unternehmens begleitet werden.

3. **Umwelt**

   In diesem Bereich geht es hauptsächlich darum, Informationen über die benötigten natürlichen Ressourcen für die Geschäftstätigkeiten darzustellen. Dabei sollte der gesamte Produktlebenszyklus in die Analyse miteinbezogen werden. Qualitative und quantitative Ziele für effiziente Ressourcenverwendung, der Umstieg auf erneuerbare Energien und die Verringerung des absoluten Ressourcenverbrauchs werden erwartet und deren Erfüllungsgrad muss Teil des Berichts sein.

4. **Gesellschaft**

   Kernpunkte in diesem Bereich sind die Achtung der Arbeitnehmerrechte bzw. der gesamten Menschenrechte im gesamten Einflussbereich der Unternehmen und die Förderung der Mitarbeiterbeteiligung zu jedem Zeitpunkt. In diesem Zusammenhang werden beispielsweise Berichte über Gesundheitsschutz, die Sicherstellung von Chancengerechtigkeit, Integration von Migranten und

Menschen mit Behinderung, Förderung der Vereinbarkeit von Familie und Beruf sowie eine angemessene Bezahlung genannt.

Zudem empfiehlt der Nachhaltigkeitsrat der Bundesregierung den deutschen Nachhaltigkeitskodex auf europäischer und globaler Ebene vorzustellen und verweist darauf, dass dies sehr zeitkritisch ist und deshalb schnellstmöglich geschehen sollte.[255] Damit bringt der deutsche Nachhaltigkeitsrat zum Ausdruck, was auch KPMG in einer Studie zur Nachhaltigkeit in 2012 deutlicher ausdrückte: Deutschland droht im internationalen Vergleich den Anschluss in der Nachhaltigkeitsdiskussion zu verlieren. Dabei hebt KPMG hervor, dass sich die Unternehmen hierzulande aufgrund der Freiwilligkeit von Nachhaltigkeitsaktivitäten und -berichterstattung in der Diskussion zurückhielten, was bei einer gesetzlichen Verpflichtung nicht gegeben wäre.[256]

3.3.4 ISO 26000 Social Responsibility

Die ISO 26000 wurde 2010 von der Arbeitsgruppe, die diesen Standard in über fünf Jahren erarbeitet hat, verabschiedet und 2011 mit der Zustimmung der 99 teilnehmenden Staaten zum tonangebenden Leitfaden für verantwortliches Wirtschaften. Dabei bietet der Standard für die Nachhaltigkeitsdiskussion zwar wenig Neues, definiert dafür aber das Thema sehr strukturiert und vollständig für einen globalen Rahmen.[257] Die ISO 26000 verfolgt als Ziel, das Thema der gesellschaftlichen Verantwortung auf eine weltweit einheitliche und inhaltlich umfassende Grundlage zu stellen und somit einen global anerkannten Standard für eine globale Problemstellung zu etablieren.[258] Dieses Ziel wird unterstrichen, indem die ISO 26000 von der größten und breitesten aufgestellten Gruppe erarbeitet wurde, die jemals einen ISO-Standard entwickelt hat. Dabei wurden Vertreter aus Industrie, Regierungen, Gewerkschaften, Verbraucherorganisationen, NGOs, Forschungsinstituten und der Dienstleistungsbranche miteinbezogen. Diese ergaben insgesamt ein Team aus 450 Experten, 210 Beobachtern und 42 Organisationen aus den 99 ISO-Ländern. Gemeinsam wurden sie in die Arbeit eingebunden, um mit der ISO 26000 einen Standard zu erstellen, der sich global durchsetzen kann.[259]

---

255 Vgl. o.V. (2012): [Rat für nachhaltige Entwicklung], S. 4
256 Vgl. Pampel / Fischer / Hell (2012), S. 5
257 Vgl. o.V. (2013), [Lexikon der Nachhaltigkeit]
258 Vgl. Colsman (2013), S. 16
259 Vgl. o.V. (2013), [Lexikon der Nachhaltigkeit]

Die Norm ist ein freiwillig anzuwendender Leitfaden, der Organisationen bei der Übernahme gesellschaftlicher Verantwortung unterstützt. Dabei richtet sie sich nicht nur an Unternehmen, sondern Organisationen jeder Art. Sie ist so konzipiert, dass sie universell anwendbar und unabhängig von Tätigkeitsfeld, Größe, Eigentümerstruktur, gesellschaftlichem Kontext, der Kultur oder dem religiösen Hintergrund eingesetzt werden kann. Dadurch unterscheidet sich die ISO 26000 von anderen Rahmenwerken, wie beispielsweise den OECD-Leitsätzen für multinationale Unternehmen. Außerdem wurde der Standard bewusst als „nicht zertifizierbare Norm“ entwickelt, da dieser dazu konkrete und vergleichbare Kriterien enthalten müsste. Dies entspräche jedoch nicht dem Zweck des Leitfadens, der jede Organisation in der Pflicht sieht, individuelle Antworten zur Umsetzung zu finden und diese immer wieder neu anzupassen. Deswegen steht im Mittelpunkt der ISO 26000 die individuelle Auseinandersetzung einer Organisation mit der gesellschaftlichen Verantwortung.[260]

Die Fokussierung wird bei Betrachtung der sieben Kernthemen in Abbildung 4 (Abschnitt 6) deutlich, in der die Organisationsführung ganz klar über den restlichen sechs Kernthemen steht und diese zusammenfasst bzw. lenkt.

Die Übersicht zeigt die sieben Abschnitte des Standards, die zu einer nachhaltigen Entwicklung führen sollen. Dabei wird jedoch offensichtlich, dass die Norm sehr umfassend ist und bereits die Übersicht eine sehr hohe Komplexität aufweist. Dies stellt auch zugleich das Hauptproblem der ISO 26000 dar. Sie ist zwar ein sehr ausführliches und qualitativ hochwertiges Nachschlage- und Ideenwerk, animiert aber mit ihrem Umfang von 149 Seiten nur wenig zu einer intensiveren Auseinandersetzung. Dies schlägt sich auch in den relativ geringen Verkaufszahlen des Standards nieder, der weltweit bisher lediglich 12.000 verkaufte Exemplare zählt, womit er weder den eigenen Ansprüchen noch dem Marktpotential gerecht wird.[261]

[260] Vgl. o.V. (2011): [BMAS], S. 7 ff.
[261] Vgl. Gontovas (2013)

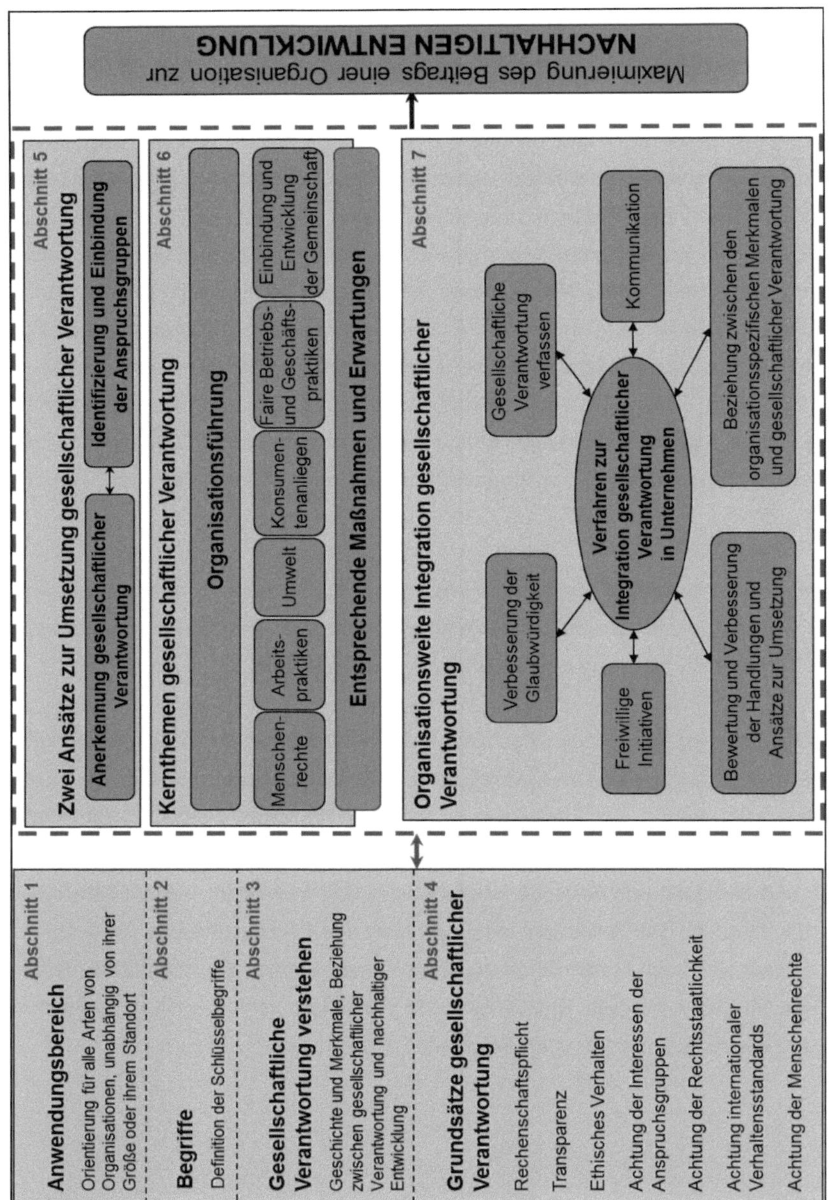

Abbildung 4: Übersicht über den Aufbau der ISO 26000
Quelle: Eigene Darstellung in Anlehnung an Schneider / Schmidpeter (2012), S. 266

3.3.5 Global Reporting Initiative

Die Global Reporting Initiative wurde im Jahr 1997 von der CERES (Coalition for Environmentally Responsible Economies) als gemeinnützige Gesellschaft gegründet[262] und ist aktuell der wichtigste Versuch die Nachhaltigkeitsberichterstattung international zu standardisieren.[263]

Die Vision der GRI ist es eine nachhaltige globale Wirtschaft zu schaffen, in der „Organisationen ihre ökonomische, ökologische und soziale Leistung sowie ihr Führungsverhalten und dessen Auswirkung, verantwortungsbewusst verwalten und darüber transparent berichten."[264] Daraus abgeleitet hat die GRI das Ziel, die Nachhaltigkeitsberichterstattung in der Praxis zu etablieren und Organisationen auf diesem Weg zu leiten und unterstützen. Letztendlich sollen Nachhaltigkeitsberichte dem Niveau, der Transparenz und der Glaubwürdigkeit der Jahresabschlussberichterstattung entsprechen.[265] Dabei baut die GRI, wie die meisten CSR-Initiativen, auf dem Aspekt der freiwilligen Anwendung auf und stellt die entwickelten Leitlinien kostenlos im Internet zur Verfügung, um somit eine schnelle Verbreitung zu ermöglichen. Diese werden regelmäßig in enger Zusammenarbeit mit Stakeholdern in Dialogen weiterentwickelt und verbessert. Die aktuellste Fassung (G4), wurde im Mai 2013 veröffentlicht und ist das Ergebnis verschiedener Arbeitsgruppen, bestehend aus über 120 Experten und über 2.500 Kommentaren aus öffentlichen Konsultierungsphasen.[266]

Die nun folgende Vorstellung der GRI-Leitlinien gibt den State of the Art (GRI G4) wieder und geht nicht auf die noch gültigen Versionen G3 und G3.1 ein. Somit wird die Kompaktheit gewahrt und der Zukunftsfokus erhalten.

GRI G4

Die vierte Generation des GRI-Leitfadens will im Kern dessen Anwendung erleichtern und unternehmens- sowie branchenspezifischere Berichte ermöglichen. Um die nötige Flexibilisierung zu erreichen, wird im G4, im Gegensatz zu den Vorgänger-

---

262 Vgl. Beiersdorf / Schwendler (2013), S. 43

263 Vgl. Paech (2012), S. 166 f.; Vgl. Gray (2010), S. 6; Vgl. Lackmann (2010), S. 39; Vgl. Henle (2008), S. 39; Vgl. Hahn / Lülfs (2013), S. 2; Vgl. Müller (2011), S. 132

264 https://www.globalreporting.org [20.12.2013]

265 Vgl. https://www.globalreporting.org [20.12.2013]

266 Vgl. Pampel (2013), S. 1

versionen, die Bestimmung wesentlicher und somit berichtspflichtiger Aspekte betont.[267] Somit ist nach G4 eine Wesentlichkeitsanalyse unter Berücksichtigung unternehmenseigener Prozesse maßgeblich für die Abgrenzung der Berichtsinhalte. Die Abgrenzung basiert darauf, ob Auswirkungen eines Aspekts lediglich innerhalb (entsprechend dem Konsolidierungskreis der Finanzberichtserstattung) oder außerhalb (entlang der Wertschöpfungskette und Stakeholder) auftreten. Dabei sind neben gewissen Kernaspekten jene zu berichten, die signifikante Auswirkungen bedingen.[268]

Damit wird das Ziel verfolgt, in Zukunft kürzere und prägnantere Berichte zu generieren, die sich auf die wesentlichen Aspekte eines Unternehmens fokussieren. Dies bringt jedoch auch die Gefahr mit sich, dass negative Aspekte nicht berichtet werden. Um dies zu vermeiden, müssen Unternehmen ihren Wesentlichkeitsprozess mit der dazugehörigen Stakeholderanalyse formalisieren, dokumentieren und nachvollziehbar offenlegen. Sollte sich während diesem Prozess dafür entschieden werden, gewisse Aspekte nicht zu berichten, so muss dies verständlich und plausibel begründet werden.[269] Der G4 enthält dafür branchenspezifische Angabevorschriften.[270] Abbildung 5 stellt den neuen Prozess der Wesentlichkeitsanalyse dar:

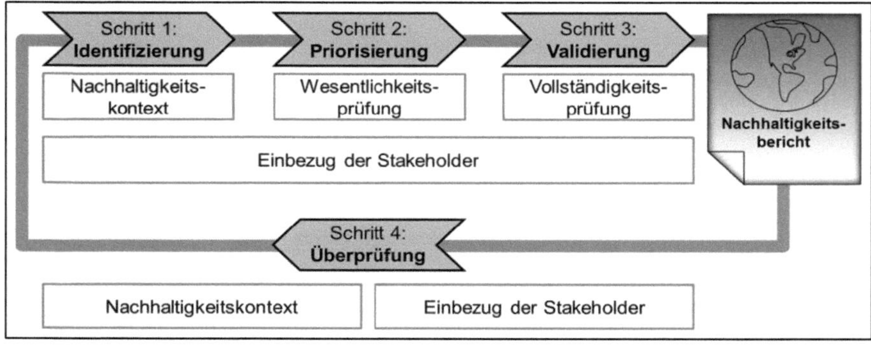

Abbildung 5: Prozess der Wesentlichkeitsanalyse zum Festlegen der Grenzen
Quelle: Eigene Darstellung in Anlehnung an o.V. (2013): [GRI: A], S. 7

[267] Vgl. o.V. (2013), [IASplus]
[268] Vgl. Pampel (2013), S. 2
[269] Vgl. Pampel (2013), S. 2
[270] Vgl. o.V. (2013), [IASplus]

Wie bereits erwähnt, gibt es gewisse Kernaspekte, die in Nachhaltigkeitsberichten enthalten sein sollten und im G4 gewissermaßen als Einsteigermodell dienen.[271] Deswegen werden zwei Optionen angeboten:

- **Bericht über die Kernaspekte**
- **Umfassender Bericht**, der zusätzliche Standardangaben zu Strategie, Unternehmensführung sowie Ethik und Integrität enthält. Eine umfangreichere Kommunikationsleistung ist nötig.

Die Kernaspekte der G4-Leitlinien werden im Umsatzhandbuch erläutert sowie deren Anwendung und Erarbeitung erklärt.[272] Bei beiden Optionen muss eine Wesentlichkeitsanalyse durchgeführt und Berichtsgrenzen definiert werden, um die GRI-Richtlinien zu erfüllen [273]

Neben der Wesentlichkeitsanalyse haben Nachhaltigkeitsberichte jedoch verschiedene Kriterien zu erfüllen, um als Bericht nach GRI G4 gelten zu können. Diese Kriterien werden in Berichterstattungsprinzipien (im Sinne von Inhalt und Qualität) und erforderliche Standardangaben unterteilt, die in Tabelle 7 dargestellt werden. Bei Betrachtung der Berichterstattungsprinzipien fällt an dieser Stelle eine starke Ähnlichkeit zu den Rechnungslegungsgrundsätzen für Jahresabschlüsse auf.[274]

Nach dem Verständnis der GRI enthüllt ein Nachhaltigkeitsbericht die Auswirkungen eines Unternehmens (ob positiv oder negativ) auf dessen Umfeld in Bezug auf Umwelt, Gesellschaft und Wirtschaft.[275] Die GRI folgt in diesem Bezug dem Konzept der „Triple Buttom Line", das in diesem Zusammenhang kurz vorgestellt wird.[276]

---

[271] Vgl. Pampel (2013), S. 2
[272] Vgl. o.V. (2013), [IASplus]
[273] Vgl. o.V. (2013): [GRI: A], S. 8
[274] Vgl. Pellens (2006), S. 112
[275] Vgl. o.V. (2013): [GRI: B], S. 3
[276] Vgl. https://www.globalreporting.org [30.12.2013]

Berichterstattungsprinzipien	
...zur Bestimmung des Inhalts	**...zur Bestimmung der Qualität**
• Einbeziehung der Stakeholder-interessen • Nachhaltigkeitskontext • Wesentlichkeit • Vollständigkeit	• Ausgewogenheit • Vergleichbarkeit • Genauigkeit • Zeitnähe • Verständlichkeit • Verlässlichkeit
Standardangaben	
Allgemeine Standardangaben	**Spezifische Standardangaben**
• Strategie und Unternehmens-analyse • Organisationsstruktur • Definierte wesentliche Aspekte und Grenzen • Einbezug der Stakeholder • Berichtsstruktur • Unternehmensführung • Ethik und Integrität • Allgemeine Standardangaben für Sektoren (wenn verfügbar)	• Angaben zum Managementansatz • Wirtschaft: wirtschaftliche Leistung, Marktpräsenz, indirekte wirtschaftliche Auswirkungen, Beschaffungspraxis • Umwelt: Materialien, Energie, Wasser, Biodiversität, Emissionen, Abwässer und Abfall, Produkte und Dienstleistungen, Befolgung von Vorschriften, Transport, Gesamteinschätzung der Lieferantengegebenheiten, Mechanismen in Bezug auf Umweltschäden • Sozialaspekte: Arbeitspraxis und -bedingungen, Menschenrechte, Gesellschaftsverantwortung, Produktverantwortung (jeweils mit zusätzlichen Indikatoren) • Spezifische Standardangaben für Sektoren (wenn verfügbar)

Tabelle 7: Überblick über die G4-Richtlinien
Quelle: Eigene Darstellung in Anlehnung an: o.V. (2013), [IASplus]

Triple Buttom Line

Die Triple Bottom Line (TBL) wurde hauptsächlich durch die Anstrengungen des Ökonomen John Elkington[277] bekannt. Die Bezeichnung „buttom line" spielt dabei auf die Saldozeile einer Gewinn- und Verlustrechnung (GuV) an, die entweder positiv oder negativ ausfallen kann. Während die GuV jedoch lediglich die wirtschaftliche Leistung eines Unternehmens betrachtet, ist die Idee des TBL-Ansatzes auch den positiven oder negativen Wertebeitrag eines Unternehmens in den Bereichen Umwelt und Soziales darzustellen.[278] Der dabei zugrundeliegende Leitgedanke ist, dass sich der letztendliche Unternehmenserfolg und -zustand nicht nur anhand der traditionellen Saldozeile der GuV bestimmen lässt, sondern dazu ebenso die gesellschaft-

[277] Siehe dazu: Cannibals with Forks: The triple bottom line of 21st Century Business, John Elkington (1997)
[278] Vgl. Sridhar / Jones (2013), S. 92

liche und ökologische Leistung eines Unternehmens betrachtet werden muss. Dies deckt sich größtenteils mit den vorgestellten Ansätzen für ethisches Handeln in Kapitel 2 (S. 5 ff.). Dementsprechend ist der innovative Ansatz der TBL eher in der Vorgehensweise des Messens, Kalkulierens, Kontrollierens und Berichtens zu sehen.[279] Dabei sind die drei Komponenten Wirtschaft, Soziales und Ökologie gleichrangig zu behandeln, gemeinsam zu vereinbaren oder in ein Gleichgewicht zu bringen. Dieses Vorgehen macht die drei Dimensionen in der Praxis jedoch automatisch zu Zielkomponenten und nicht mehr zu den ursprünglich angedachten Handlungsfeldern.[280] Die konzeptionellen Wurzeln der TBL liegen in der quantitativen, ökonomischen Welt, was sich auch in der Branchenherkunft vieler Förderer widerspiegelt (KPMG, IASB, ACCA, Dow Jones, etc.).[281]

Heute ist der TBL-Ansatz in der Praxis die vorherrschende Methodik in Bezug auf unternehmerische Nachhaltigkeitsberichterstattung. Diese Dominanz und das Verständnis der Dimensionen als Zielkomponenten führten dazu, dass Unternehmen heute anders handeln und eine veränderte Sichtweise für das Wirtschaften haben. Das Denken in den Dimensionen Ökologie, Soziales und Ökonomie sind in der heutigen Geschäftswelt weit verbreitet.[282] [283]

3.4 Nachhaltigkeit: State of the Art

Während das Thema der Nachhaltigkeit auf der politischen Ebene der Bundesrepublik Deutschland bereits seit 2002 mit dem Vorlegen der ersten nationalen Nachhaltigkeitsstrategie eine anerkannte Querschnittsaufgabe darstellt,[284] so wird erst 2012 davon gesprochen, dass das Leitbild einer nachhaltigen Entwicklung tatsächlich im Bewusstsein von Politik, Gesellschaft und Wirtschaft angekommen ist.[285] Diese Aussage wird durch eine KPMG-Studie unterstützt, die für die Jahre 2011/2012 in bereits 25 der 30 DAX30-Unternehmen einen eigenen Vorstands-

[279] Vgl. Norman / MacDonald (2003), S. 1
[280] Vgl. Paech (2012), S. 96
[281] Vgl. Milne / Gray (2012), S. 6
[282] Vergleiche CSR in Kapitel 3.2.2, S. 30 ff.
[283] Vgl. Sridhar / Jones (2013), S. 92 f.
[284] Vgl. Bardt (2011), S. 9
[285] Vgl. Schaltegger / Hörisch / Windolph / Harms (2012), S. 13

ressort vorfand, der mit dem Thema Nachhaltigkeit betraut wurde.[286] Ergänzend dazu spricht KPMG in einer weiteren Studie 2013 erstmals davon, dass sich die Nachhaltigkeitsberichterstattung weltweit durchgesetzt hat, nachdem von den 250 größten Unternehmen der Welt (G 250) bereits 93 Prozent über ihr Nachhaltigkeitsengagement berichten.[287] Durch den hohen Anteil an Unternehmen, die über ihre Nachhaltigkeitsaktivitäten berichten, sieht sich KPMG bestätigt und schließt daraus, dass das Anfertigen von Nachhaltigkeitsberichten für multinationale Unternehmen bereits zur üblichen Geschäftspraxis zählt.[288] In diesem Zusammenhang betont KPMG, dass die Debatte, ob ein Unternehmen über Nachhaltigkeit berichten sollte oder nicht, nun beendet wurde und eine neue Phase in der Nachhaltigkeitsdiskussion einzuleiten sei. Jetzt sollte sich mit den Fragen auseinandersetzt werden: **WAS** berichtet werden soll und **WIE** dies zu geschehen hat. Deswegen sollte sich von nun an die Diskussion um die Qualität der Nachhaltigkeitsberichte drehen und mit welchen Instrumenten die relevanten Stakeholder bestmöglich erreicht werden können.[289] Aktuell entsprechen die meisten Nachhaltigkeitsberichte der DAX30-Unternehmen den GRI-Richtlinien, die weltweit am häufigsten angewendet werden.[290] Aufgrund der Praxisrelevanz werden diese in Kapitel 3.5 (S. 63) genauer und kritisch betrachtet.

Obwohl die KPMG-Studien sich geschäftsbedingt hauptsächlich mit dem Bereich der Nachhaltigkeitsberichte beschäftigen, so reflektiert dies die aktuell geführte Nachhaltigkeitsdiskussion in fast allen Bereichen. Demnach ist man sich in Politik, Wirtschaft und Gesellschaft weitgehend einig, dass etwas getan werden muss, die aktuellen Fragen sind jedoch auch hier, **WAS** gemacht werden soll und **WIE** die Probleme angegangen werden sollen. Die Gründe dafür sieht Idowu vor allem in dem Fehlen eines allgemein anerkannten Standards sowie einer akzeptierten Definition. Deren Nichtexistenz hat dazu geführt, dass heute kein klares Verständnis für Nachhaltigkeit besteht und Abgrenzungsprobleme den Alltag beherrschen.[291] Dies hat zur Folge, dass der Begriff Nachhaltigkeit als Synonym für eine Reihe vieler verschiedener Dinge verwendet wird und dessen eigentliche Bedeutung immer unklarer in

[286] Vgl. Pampel / Fischer / Hell (2012), S. 4
[287] Vgl. Reuter / Blees (2013)
[288] Vgl. Fischer (2013), S. 10 f.
[289] Vgl. Fischer (2013), S. 10 f.
[290] Vgl. Wirsam (2013), S. 369
[291] Vgl. Idowu / Louche (2011), S. XVI

einem Dickicht aus Begrifflichkeiten scheint.[292] Exemplarisch dafür steht eine in Großbritannien durchgeführte Studie aus dem Jahr 2008, in der 79 Organisationen auf deren Nachhaltigkeitsberichterstattung untersucht wurden und sich in lediglich zwei Berichten eine Definition für deren Nachhaltigkeitsverständnis befand. Die unklare Abgrenzung führte zu einer sehr breiten Begriffsauslegung, die nicht nur die Vergleichbarkeit der Berichte stark einschränkte, sondern auch deren generelle Aussagekraft.[293]

All dies unterstützt jedoch KPMGs Aussage, dass in der Nachhaltigkeitsdiskussion ein weiterer Meilenstein erreicht wurde und sich diese jetzt um die Qualität der Tätigkeiten dreht. Um die letzten Zweifler zum Schweigen zu bringen und die volle Energie auf die Entwicklung eines allgemein gültigen Standards zu lenken, wird außerdem vorgeschlagen, Unternehmen zu Nachhaltigkeitsberichten und -aktivitäten gesetzlich zu verpflichten, um somit das quasi Standardverfahren rechtlich verbindlich zu gestalten.[294] Auch wenn KPMG als Wirtschaftsprüfungsgesellschaft vermutlich eigene Interessen mit dieser Aussage verfolgt, so würde eine gesetzliche Regelung dem vorgestellten Nachhaltigkeitsverständnis nachkommen, das über die Freiwilligkeit hinausgeht.[295]

Auch Schaltegger sieht die aktuelle Diskussion auf der qualitativen Ebene angekommen. Dabei ginge es nicht nur um die Verankerung und Ausgestaltung von Standards und konkreter Instrumente, sondern auch um die Legitimationssicherung von Unternehmen gegenüber deren Stakeholdern.[296] Zu ähnlichen Erkenntnissen kommt das regelmäßig veröffentlichte Corporate Sustainability Barometer der Leuphana Universität, das den Praxisstand der Nachhaltigkeitsdiskussion in den größten deutschen Unternehmen untersucht. Auch dort kam man zu dem Ergebnis, dass sich der Aufbau und die Sicherung von Legitimation als wesentlicher Grund für unternehmerische Nachhaltigkeit erwiesen. Daneben wird in dieser Studie die enorme Wichtigkeit von NGOs und Medien betont, denen der stärkste fördernde Einfluss auf unternehmerische Nachhaltigkeit zugeschrieben wird.[297] Nach dieser 2012

[292] Vgl. Milne / Gray (2012), S. 5
[293] Vgl. o.V. (2008): [Spada], S. 2
[294] Vgl. Pampel / Fischer / Hell (2012), S. 5
[295] Siehe Kapitel 3.2.1, S. 28 ff.
[296] Vgl. Schaltegger / Müller (2010), S. 30
[297] Vgl. Schaltegger / Hörisch / Windolph / Harms (2012), S. 19 ff.

durchgeführten Studie sind in den Unternehmen aktuell die Themen Aus- und Weiterbildung, Energieverbrauch sowie Arbeitsschutz und -sicherheit im Fokus der Nachhaltigkeitsanstrengungen, die damit den gegenwärtig wichtigsten Stakeholderinteressen nachkommen. Trotz der enormen Bedeutung der Biodiversität für das Nachhaltigkeitsmanagement wird dieser Themenbereich von den Unternehmen und in den Stakeholderforderungen stark vernachlässigt. Daraus lässt sich schließen, dass deutsche Unternehmen vorrangig reaktiv handeln und lediglich bestehenden Forderungen nachkommen.[298] Ein solches Vorgehen entspricht dem CSR-Ansatz und unterstreicht dessen enorme Bedeutung in der aktuellen Nachhaltigkeitspraxis.[299]

Schaltegger sieht im gegenwärtig starken Einfluss des CSR eine Chance, um die nachhaltige Entwicklung der Wirtschaft nicht zu einer philanthropischen Übung verkommen zu lassen, die nur in Luxuszeiten verfolgt wird. Dafür fordert er nicht nur die Entwicklung von Standards, sondern auch, dass diese auf der ökonomischen Logik aufbauen und somit ein Integrieren moralischer Werte in ökonomische Steuerungslogiken vereinfachen. Auf lange Sicht soll sich der CSR-Ansatz somit dem Nachhaltigkeitsmanagement annähern. In diesem Punkt sieht er vor allem die Wissenschaft in der Pflicht, die vermehrt einen Beitrag dazu leisten muss.[300] Ähnlich sehen dies Martinuzzi und Zwirner, die CSR ebenfalls als „Zwischenschritt“ hin zu einer nachhaltigen Entwicklung der Wirtschaft sehen.[301]

Damit entspricht Schalteggers Forderung der Meinung vieler Wissenschaftler, die Nachhaltigkeit nicht als einmaliges oder kurzfristiges Ereignis sehen, sondern als permanenten und langfristigen Such- und Lernprozess verstehen.[302] Demnach ist der zu Beginn von KPMG festgestellte Meilenstein ein wichtiger, der die Nachhaltigkeitsdiskussion auf die qualitative Ebene (weg von der Legitimationsdiskussion) lenkt. Die Entwicklung eines international anerkannten Standards muss der nächste Schritt sein. Die neusten Versuche (z.B.: GRI G4, ISO 26000, etc.), internationale Standards zu etablieren, weisen bereits in diese Richtung. Oder wie Paech bemerkt: „Nachhaltige Entwicklung als Suchprozess: Die Richtung zählt“.[303]

[298] Vgl. Schaltegger / Hörisch / Windolph / Harms (2012), S. 24 ff.
[299] Siehe Kapitel 3.2.2, S. 30 ff.
[300] Vgl. Schaltegger / Müller (2010) S. 30
[301] Vgl. Martinuzzi/Zwirner S. 157
[302] Vgl. Bardt (2011), S. 4
[303] Paech (2012), S. 100

3.5 Kritische Betrachtung des TBL-Reportings und der GRI

Obwohl es heute weltweit noch keinen allgemein anerkannten Berichtsstandard gibt, werden die GRI-Leitlinien von den meisten Unternehmen weitestgehend als de facto Standard angewandt.[304] Während die GRI-Richtlinien in den letzten Jahren immer mehr an Relevanz gewannen, so profitierte auch der Triple-Bottom-Line-Ansatz enorm davon, da dessen wichtigster Promoter die GRI ist.[305] Dabei ist zu erwähnen, dass der TBL-Ansatz sich von Beginn an auf einer Welle des perfekten Timings für eine schnelle Verbreitung befand, was unter anderem dazu führte, dass die GRI-Leitlinien auf dem TBL-Verständnis basieren.[306] Dies und das scheinbar einfache Verständnis der drei Dimensionen[307] hatten zur Folge, dass TBL-Reporting zum Leitsatz von Unternehmen wurde, die nachhaltig handeln wollten und letztendlich durch viele Irritationen als Synonym für Nachhaltigkeit verwendet wird.[308] Genau in diesem Punkt sieht Gray jedoch eine große Gefahr, da momentan häufig bereits die Nachhaltigkeitsberichterstattung als eine Nachhaltigkeitsaktivität verstanden wird – was jedoch falsch ist, weil die Aufgabe des Nachhaltigkeitsberichts eben das Berichten über jene Aktivitäten darstellt.[309] Eine solche Begriffsgleichsetzung ist in der Praxis bedenklich, da Unternehmen bereits begonnen haben ihr Verhalten dahingehend zu verändern, dass die Anforderungen der GRI-Leitlinien zu Berichtszwecken einfacher erfüllt werden.[310] Diese Verhaltensanpassung ist kritisch zu bewerten, da der TBL-Ansatz eine extreme Simplifizierung der Nachhaltigkeitsidee darstellt, indem lediglich drei Zieldimensionen eines sehr komplexen Themas betrachtet werden.[311] Daraus wird jedoch ein ernsthaftes Problem, wenn Unternehmen ihr Verhalten auf Basis eines Ansatzes wie dem des TBL verändern, der unvollständig, stark vereinfachend und in sich inkonsistent ist.[312]

Um diese Kritik zu begründen, wird nun auf die Hauptkritikpunkte des TBL-Ansatzes und der GRI eingegangen. Hier muss jedoch beachtet werden, dass zwischen bei-

---

304 Vgl. o.V. (2012): [Sage], S. 211
305 Vgl. Sridhar / Jones (2013), S. 93
306 Vgl. Milne / Byrch (2011), S. 2 f.
307 Laut dem TBL-Ansatz wird Nachhaltigkeit erreicht, wenn die drei Komponenten Wirtschaft, Soziales und Ökologie gleichrangig behandelt werden, gemeinsam vereinbart werden oder in ein Gleichgewicht gebracht werden. (siehe: 3.3.5, S. 55 ff.)
308 Vgl. Milne / Byrch (2011), S. 2 f.
309 Vgl. Milne / Gray (2012), S. 5 ff.
310 Vgl. Sridhar / Jones (2013), S. 92 f.
311 Vgl. Moneva / Archel / Correa (2006), S. 127
312 Vgl. Milne / Gray (2012), S. 5

den eine starke Interdependenz herrscht. Denn einerseits basieren die GRI-Leitfäden zwar auf dem TBL-Verständnis, andererseits ist die GRI auch zeitgleich dessen stärkster Einflussfaktor.[313]

Die Hauptkritikpunkte am TBL-Ansatz lassen sich dabei in drei Kernpunkten zusammenfassen:

Das Bewertungssystem von TBL

Die Bewertung nach TBL ist nicht nur sehr komplex, sondern auch in Bezug auf Objektivität und Verlässlichkeit sehr zweifelhaft. Die limitierten Möglichkeiten der Bewertung werden bei Betrachtung der Sozialkomponente offensichtlich. Dabei werden zwei Hauptprobleme definiert: Die Bewertungsgrundlage und die Aggregationslogik. Die grundlegenden Bewertungsprobleme der sozialen Dimension werden im TBL-Ansatz nicht gelöst und qualitative Ergebnisse können nicht berücksichtigt werden.[314] Damit impliziert die TBL, dass nur das wichtig ist, was auch gemessen werden kann.[315] Aus dem ungelösten Problem der Quantifizierung ergibt sich das Aggregationsproblem der TBL. Es kann keine ‚Sozial-GuV' erstellt werden, die zu einer Ergebnissumme führt, es sei denn, diese wird aus nur sehr wenigen Indikatoren mit einer geringen Aussagekraft gebildet. Somit kann TBL seine eigens gesetzten Aggregationsziele nicht erfüllen. In der TBL-Konzeption werden in diesem Zusammenhang noch nicht einmal Methoden oder Formeln vorgestellt, die eine Aggregation der verschiedenen Dimensionen ermöglichen. Letztendlich ersetzt die TBL lediglich eine einzige Summenzeile durch drei Summenzeilen, die keine Möglichkeit der Integration bieten.[316]

Der unsystematische Ansatz von TBL

Der TBL-Ansatz wird oft kritisiert, weil er kein Systemdenken aufweist. In der Theorie und Praxis koexistieren die drei Summenzeilen, ohne deren Interdependenzen aufzuzeigen. Ein Nichtbetrachten der zum Teil sehr starken Interdependenzen führt jedoch dazu, dass die drei Zielkomponenten eher gegensätzlich als potentiell komplementär betrachtet werden.[317] Die von TBL geforderte gleichrangige Betrachtung der

[313] Vgl. Milne / Gray (2012), S. 6 f.
[314] Vgl. Sridhar / Jones (2013), S. 94 ff.
[315] Vgl. Milne / Brych (2011), S. 3
[316] Vgl. Sridhar / Jones (2013), S. 96
[317] Vgl. Sridhar / Jones (2013), S. 98

ökonomischen, sozialen und ökologischen Dimension hat dann jedoch „Trade-Offs" zur Folge, die nach dem Nachhaltigkeitsverständnis eigentlich immer nur die letzte Instanz darstellen sollten. Durch das Ignorieren der gegenseitigen Abhängigkeiten fördert TBL Zielkonflikte, vernachlässigt Stakeholderinteressen und trägt dazu bei, dass letztendlich die schlechteste Lösung im Entscheidungsprozess gefördert wird.[318]

Der Erfüllungs-/Rankingmechanismus von TBL

Die Erfüllungs- und Rankingmechanismen sind besonders relevant, da sich Unternehmen in der Praxis ausschließlich auf die drei Zieldimensionen von TBL konzentrieren. Darüber hinaus werden primär Aktivitäten verfolgt, die nach dem mangelhaften TBL-Bewertungssystem messbar sind. Diese entsprechen oft ausgewählten Indikatoren, die eine Zertifizierung oder Aufnahme in einen Nachhaltigkeitsindex wie den DJSI vereinfachen.[319] Ziel ist es, zertifiziert zu werden, aber dafür möglichst wenig vom „business-as-usual" zu verändern.[320] Der ausgeprägte Erfüllungswille von Unternehmen führt jedoch zu einem Scheuklappendenken, indem lediglich vordefinierte TBL-Indikatoren genutzt werden, ohne deren Aussagekraft zu hinterfragen. In Kombination mit der Nichtberücksichtigung von Interdependenzen, hat dieses Verhalten das Ignorieren der – teils wichtigen – Stakeholderinteressen zur Folge, die keiner der drei Kategorien zugeordnet oder nicht bewertet werden können.[321]

Abschließend wird das Fehlen eines gesetzlich verpflichtenden Standards bemängelt, was zur Folge hat, dass Unternehmen sich oft willkürlich leicht messbare Indikatoren aussuchen, die dann leider nur wenig Aussagekraft über die verursachten Auswirkungen auf die Stakeholder haben.[322] Das Beispiel von Elkington unterstreicht dies am besten.[323] Er wurde von Shell beauftragt das Unternehmen bei der Erstellung seines ersten TBL-Reports zu unterstützen und berichtete dabei lediglich positive Aspekte.[324]

---

[318] Vgl. Coffman / Umemoto (2010), S. 599
[319] Vgl. Sridhar / Jones (2013), S. 98 f.
[320] Vgl. Milne / Gray (2012), S 6
[321] Vgl. Coffman / Umemoto (2010), S. 599
[322] Vgl. Sridhar / Jones (2013), S. 106 ff.
[323] Begründer des TBL-Ansatzes, für lange Zeit bekennender Kapitalismus- und Globalisierungsgegner. Vgl. Norman / MacDonald (2003), S. 12 f.
[324] Vgl. Norman / MacDonald (2003), S. 12 f.

Da die Leitsätze der Global Reporting Initiative auf dem TBL-Ansatz basieren, treffen die bisher genannten Kritikpunkte auch auf die GRI zu. Die GRI selbst hatte vor allem mit ihren Veröffentlichungen zwischen den Jahren 1999 und 2006 zu der Verunsicherung beigetragen, dass TBL-Reporting bis heute mit Nachhaltigkeitsmanagement verwechselt wird.[325] Einer der stärkeren Kritikpunkte an der GRI ist, dass in dieser Angelegenheit bis heute keine Klarheit geschaffen wurde und immer noch keine Definition für notwendige Begrifflichkeiten wie Nachhaltigkeit oder nachhaltige Entwicklung veröffentlicht wurde.[326]

Des Weiteren tendieren die GRI-Leitlinien dazu, sich fast ausschließlich auf die stark vereinfachten und beschränkten Dimensionen der TBL zu konzentrieren, was dazu führt, dass wesentliche Bestandteile der Nachhaltigkeitsidee (z.B. Kultur, Corporate Governance) keine Berücksichtigung finden, weil sie einfach nicht berichtet werden können. Denn was nicht berichtet werden kann, hat für die Unternehmen keinen Wert. Die bereits eingeschränkte Sichtweise wird dabei durch das Ignorieren von Interdependenzen zwischen Hauptindikatoren und einem Fehlen von integrativen Indikatoren zusätzlich verstärkt.[327]

Bei Betrachtung der Indikatoren des GRI G4-Leitfadens fällt außerdem auf, dass trotz der gleichrangig zu behandelnden Dimensionen, extreme Unterschiede bei den zur Verfügung gestellten Indikatoren bestehen.[328] So werden neun Indikatoren für die ökonomische Leistung, 34 Indikatoren für die ökologische Leistung und 48 Indikatoren für die soziale Leistung angeboten. Dabei kann man feststellen, dass über 50% der Indikatoren dem sozialen Bereich zuzuordnen sind.[329] Somit kam die GRI mit dem Einführen des Wesentlichkeitsprinzip zwar der langfristigen Forderung nach, eine übersichtlichere und flexiblere Berichterstattung einzuführen, riskiert aber vor allem in der sozialen Kategorie, die ohnehin schwer zu bewerten und vergleichen ist, eine verstärkte Willkür bei der Indikatorenauswahl.[330]

---

[325] Vgl. Milne / Brych (2011), S. 3
[326] Vgl. Milne / Gray (2012), S. 7
[327] Vgl. Moneva / Archel / Correa (2006), S. 127; o.V. (2013): [GRI: B]
[328] Vgl. Moneva / Archel / Correa (2006), S. 131
[329] Vgl. o.V. (2013): [GRI C], S. 20 f.
[330] Vgl. Pampel (2013), S. 2; Vgl. o.V. (2013), [IASplus]

Eine allgemeinere Kritik an der TBL-Konzeption und der GRI-Leitfäden wird von Milne und Gray geäußert. Diese bemängeln einerseits die fehlende integrative Betrachtung, die für eine umfassende Analyse nötig ist und andererseits bezeichnen sie das generelle Vorgehen der GRI als eine „Nicht Nachhaltigkeitsberichterstattung“, da lediglich berichtet wird, welche negativen Auswirkungen (z.B. Ressourcenverbrauch, Arbeitsunfälle, etc.) eine Unternehmung auf deren Umfeld hat. Es fehlt jedoch ein Bezug zu der Lücke (Sustainable Gap) zwischen dem aktuellen Modell und dem, was wirklich nachhaltiges Wirtschaften genannt werden könnte. Ohne einen definierten Zielzustand, der als nachhaltig bezeichnet werden kann, können jedoch auch keine zielgerichteten Aktivitäten zum Schließen der Lücke berichtet bzw. eingeleitet werden. Ein Unternehmen kann also von 100.000.000 Tonnen CO2-Ausstoss berichten, ohne dass der Leser des Berichts weiß, was die genauen Auswirkungen davon sind. Das Wesentliche für eine nachhaltige Entwicklung wird demnach in den aktuell führenden Berichtsansätzen nicht beachtet oder aufgrund der komplexen Bewertung außen vor gelassen. Milne und Gray sehen an dieser Stelle die Gefahr, dass sich nicht nur die Berichterstattung, sondern auch das Verständnis und Verhalten der Unternehmen (wie zu Beginn dieses Kapitels erwähnt) in die falsche Richtung entwickeln. Auf dieser Kritik aufbauend stellen sie die GRI generell in Frage und fordern eine deutliche Verbesserung der Berichts- und Analysequalität.[331] Auch andere Wissenschaftler wie Sridhar und Jones bewerten den aktuellen Stand als mangelhaft konstruiert und definiert sowie sehr unsystematisch in der Vorgehensweise. Sie fordern deswegen mehr Forschung auf diesem Gebiet, um zukünftig eine entsprechend konsistente Berichterstattung zu ermöglichen.[332]

In diesem Zusammenhang sind die Ergebnisse des Corporate Sustainability Barometer 2012 sehr interessant, bei dem man sich unter anderem mit der Frage nach der integrativen Berücksichtigung nachhaltiger Belange in deutschen Unternehmen auseinandersetzt. Das Ergebnis dabei zeigt, dass sich die verschiedenen Nachhaltigkeitsbereiche in der Praxis nicht weiter annähern, sondern momentan eher weiter voneinander entfernen. Obwohl integrative Methoden bekannt sind, werden sie seltener angewandt als noch 2010. Zusätzlich wurde in dieser Studie festgestellt,

[331] Vgl. Milne / Gray (2012), S. 9
[332] Vgl. Sridhar / Jones (2013), S. 100 ff.

dass der Stakeholderaustausch ebenfalls deutlich weniger intensiv als noch zwei Jahre zuvor ausfiel, was diesen negativen Trend bestätigt.[333]

Die Ergebnisse des Corporate Sustainability Barometers weisen darauf hin, dass Unternehmen sich nicht nur mit ihrem Berichtswesen, sondern mit deren gesamtem Nachhaltigkeitsmanagement dem stark vereinfachten TBL-Ansatz anpassen. Dieser Trend zeigt allerdings, dass die Befürchtungen vieler Wissenschaftler, die wie zu Beginn des Kapitels vorgestellt in dem TBL-Verständnis eine Gefahr für die Entwicklung des Nachhaltigkeitsmanagements sehen, nicht unbegründet sind.

Die dargelegten Kritikpunkte zeigen, dass die aktuelle Nachhaltigkeitsberichterstattung mit den vorherrschenden Ansätzen der Global Reporting Initiative und der Triple-Bottom-Line weit davon entfernt sind, holistische Nachhaltigkeitsberichte zu ermöglichen und Unternehmen eher dabei helfen, Kernthemen der Nachhaltigkeit zu umgehen.[334] Die unvollständigen, extrem vereinfachenden und in sich inkonsistenten Fassungen stellen aufgrund der Verwechslung mit dem eigentlichen Nachhaltigkeitsmanagement sogar eine Gefahr dar. Dabei betrifft dies nicht nur die Unternehmen, sondern die nachhaltige Entwicklung allgemein, da sich das Denken innerhalb der TBL-Dimensionen bereits etabliert hat. Viele Wissenschaftler warnen vor einer Entwicklung in die falsche Richtung, die man sich aufgrund des zeitlichen Drucks nicht leisten könne.[335] So wurden 2013 zwar so viele Nachhaltigkeitsberichte wie noch nie erstellt, allerdings geschah dies auf einer bedenklichen Basis. Auch die neuste Generation der GRI Leitfäden G4 wird die Hauptproblematiken nicht lösen können, da die größte Veränderung die Einführung des Wesentlichkeitsprinzips ist. Allerdings ist die geforderte Offenlegung des Wesentlichkeitsprozesses mit der dazugehörigen Stakeholderanalyse ein kleiner Lichtblick, der von den meisten Stellen positiv aufgenommen wurde.[336]

---

[333] Vgl. Schaltegger / Hörisch / Windolph / Harms (2012), S. 54
[334] Vgl. Sridhar / Jones (2013), S. 108 f.
[335] Vgl. Milne / Gray (2012), S. 12
[336] Vgl. o.V. (2013), [IASplus]; Pampel (2013), S. 2

3.6 Gefahren des Ökoeffizienz-Ansatzes

Das Ziel des Ökoeffizienz-Ansatzes ist die Entkopplung des relativen und absoluten Ressourcenverbrauchs vom Wirtschaftswachstum. Aus Sicht der Nachhaltigkeit ist also die Frage zu stellen, inwieweit die Ökoeffizienz dazu beitragen kann, weltweit weniger Ressourcen zu verbrauchen. Demnach wäre für einen positiven Beitrag ein systematisches Vorgehen zur Verminderung einer Überbelastung natürlicher Systeme nötig, wobei gleichzeitig soziale Bedürfnisse befriedigt werden. Dabei kommt vor allem der Gesamtnachfrage eine Schlüsselbedeutung zugute, da diese nicht stärker als der Effizienzgewinn steigen darf. Ansonsten kommt es zu zusätzlichen Umweltbelastungen. Dieser Fall, bei dem erhöhte Effizienz zu niedrigeren Kosten und Preisen führt, die eine entsprechende Nachfrageerhöhung nach sich ziehen, wird **Reboundeffekt** oder **Jevon's Paradoxon** genannt.[337] Demnach ist es wichtig, dass die Entmaterialisierung auf Ebene von Volkswirtschaften bzw. des ganzen Planeten geschieht und nicht nur auf Basis einzelner Produkte. Dies wird vor allem darin begründet, dass sich Unternehmen hauptsächlich aufgrund einer höheren Ressourceneffizienz einen Wettbewerbsvorteil verschaffen wollen, um mehr Produkte zu verkaufen, was letztendlich wiederum in mehr Investitionen und Expansion endet. Wenn man den durchaus gut gedachten Ökoeffizienzansatz jedoch mit Bevölkerungs- und Einkommenswachstum sowie leichterem Zugang zu Krediten als Wohlstands und Konsumantrieb verbindet, dann sind die heutigen unkoordinierten und freiwilligen Nachhaltigkeitsaktivitäten, die größtenteils auf Rohstoffeffizienzsteigerung basieren, ungenügend und können maximal zu einer relativen Ökoeffizienz führen, da der absolute Ressourcenverbrauch weiterhin steigt.[338] Dieser Trend ist auch in Abbildung 6 zu erkennen.

Während sich die Rohstoffgewinnnung seit den 70er Jahren verdoppelt hat, ist das weltweite BIP von 20 auf fast 50 Billionen Internationale Dollar[339] gestiegen. Demnach ist der Ressourcenverbrauch langsamer als die Wirtschaftskraft gewachsen, was auf eine relative Entkopplung hinweist. Allerdings ist auch zu erkennen, dass der

337 Vgl. Baumgartner / Biedermann (2009), S. 14

338 Vgl. Milne / Gray (2012), S. 11

339 Der Internationale Dollar ist eine Vergleichswährung der Weltbank und berücksichtigt länderspezifische Kaufkraftparitäten. Vgl. http://www.wirtschaftslexikon.co/d/internationaler-dollar/internationaler-dollar.htm [26.04.2014]

absolute Ressourcenverbrauch trotz Effizienzgewinnen weiterhin stark angestiegen ist und somit globale Probleme nicht löst, sondern beschleunigt.[340]

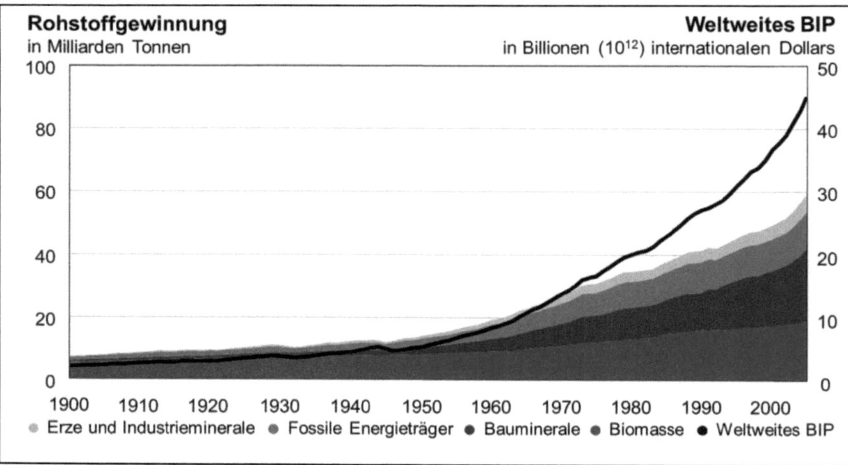

Abbildung 6: Globale Rohstoffgewinnung in Milliarden Tonnen von 1900 bis 2005
Quelle: Eigene Darstellung in Anlehnung an Hirschnitz-Garbers / Montevecchi / Martinuzzi (2013), S. 2014

[340] Vgl. Hirschnitz-Garbers / Montevecchi / Martinuzzi (2013), S. 2014

4 Der Sustainable-Value-Added-Ansatz als Bewertungsansatz

Das Nachhaltigkeit nicht nur ein aktuelles Problemthema darstellt, sondern sich scheinbar bereits als der Megatrend der kommenden Jahre durchgesetzt hat ist darauf zurückzuführen, dass der aktuelle Stand der Entwicklungen nicht zufriedenstellend ist und noch viele Schwierigkeiten aufweist.[341] Wie im vorhergehenden Kapitel verdeutlicht, herrschen aktuell vor allem Probleme bei der objektiven Bewertung der Umwelt- und Sozialleistung eines Unternehmens. Als weitere Kernkritikpunkte sind der unsystematische Ansatz und die Aggregationsproblematik anzuführen, die ein Bewerten und Vergleichen der Unternehmensaktivitäten mit den aktuellen Standards erschweren oder nahezu unmöglich erscheinen lassen.

Diese Probleme adressiert der Sustainable-Value-Ansatz. Dabei ist er als klassisches Instrument des Performance Measurements einzuordnen[342] und übersetzt aufgrund seines wertorientierten Vorgehens erstmals die Nachhaltigkeitsleistung von Unternehmen in die Sprache von Managern und Investoren – in Währungseinheiten (z.B. Euro).[343] Dieses Kapitel stellt diesen noch jungen Ansatz vor und beschreibt die notwendigen Schritte zur Berechnung, bevor der Sustainable-Value-Ansatz in den folgenden Kapiteln auf die DAX30-Unternehmen angewandt wird.

4.1 Abgrenzung des Sustainable-Value-Ansatzes

Zur Bewertung der Umwelt- und Sozialleistung eines Unternehmens bestehen verschiedene Ansätze, die jeweils versuchen, den Unternehmenstätigkeiten einen Wert zu geben und sie vergleichbar zu machen. Um Unterschiede aufzuzeigen und den Sustainable-Value-Ansatz abzugrenzen, werden nun die wichtigsten Konzepte vorgestellt:

---

[341] Vgl. Arnsfeld / Peters / Wübben (2011), S. 80
[342] Vgl. Greilinger / Ther (2010), S. 62
[343] Vgl. Hahn / Liesen (2007), S. 13

Orientierung an externen Kosten

Um die Nachhaltigkeitsleistung eines Unternehmens zu bewerten, wird in der Literatur oft bei den externen Kosten der ökonomischen Aktivitäten angesetzt.[344] Dabei wird die ökonomische Leistung um die externen Kosten korrigiert. Das Resultat soll zum Ausdruck bringen, ob ein Unternehmen genügend Wert schafft und die verursachten ökologischen und sozialen Kosten kompensiert werden können. Obwohl es zu diesem Ansatz eine gute theoretische Fundierung und viel Literatur gibt, hat diese Vorgehensweise in der Praxis bei der Monetarisierung ökologischer und sozialer Leistung viele Probleme und stößt schnell an ihre Grenzen.[345]

Orientierung an Vermeidungskosten

Eine andere Möglichkeit zur Bestimmung der externen Kosten stellt in der Theorie die Ermittlung der Vermeidungskosten ökologischer und sozialer Belastungen dar.[346] Dabei werden die Kosten berechnet, die anfallen würden, um ökologische und soziale Belastungen durch den Einsatz technischer Lösungen zu vermeiden bzw. rückgängig zu machen. Jedoch gelingt eine Ermittlung aller Vermeidungskosten für jegliche Belastungen in der Praxis nicht, weshalb sich dieser Ansatz eher für Einzelfallbetrachtungen eignet.[347]

Effizienzorientierte Bewertungsansätze

Neben der Ermittlung externer Kosten, werden außerdem effizienzorientierte Konzepte und Indikatoren zur Bewertung der Nachhaltigkeitsleistung von Unternehmen diskutiert.[348] Diese Konzepte setzen die von Unternehmen geschaffenen Werte (Wertschöpfung) mit den entstandenen ökologischen und sozialen Belastungen (Schadschöpfung) ins Verhältnis. Dies fördert jedoch lediglich die Minimierung der relativen Schadschöpfung und nicht der absoluten, wie bereits in Kapitel 3.6 dargelegt.[349] Aufgrund des Reboundeffektes wird dieses Vorgehen immer lauter kritisiert.[350]

---

[344] Dazu stellvertretend: Huizing et al. (1992); Atkinson (2000)
[345] Vgl. Figge / Hahn (2004), S. 128
[346] Dazu stellvertretend: Bartelmus (1992); United Nations (1993); Aiken (2003)
[347] Vgl. Figge / Hahn (2004), S. 128
[348] Dazu stellvertretend: Freeman (1973); McIntyre (1974); Schaltegger (1990)
[349] Siehe Kapitel 3.6, S. 69 ff.
[350] Vgl. Figge / Hahn (2004), S. 128 f.

Sustainable Value: Ein ressourcen- und wertorientierter Ansatz

Der Sustainable-Value-Ansatz (SVA) ist ein vergleichsweise junger Ansatz zur Messung der Nachhaltigkeitsleistung von Unternehmen (Figge / Hahn, 2001).[351] Dieser hat den Vorteil, dass er einige der Schwächen und Probleme der bestehenden Ansätze lösen kann. Der Sustainable-Value-Ansatz basiert auf einer Opportunitätskostenbetrachtung, womit das Problem der Monetarisierung der Vermeidungskosten und externer Effekte umgangen wird. Im Gegensatz zu den bestehenden Konzepten ist er nicht belastungs-, sondern wertorientiert.[352] Das bedeutet, es werden nicht die Belastungen einzelner eingesetzter Ressourcen betrachtet, sondern der von ihnen geschaffene ökonomische Wert.[353] Dabei berücksichtigt der SVA nicht nur Effizienz, sondern auch die Öko- und Sozialeffektivität, also das absolute Niveau ökologischer und sozialer Belastungen. Mithilfe der Opportunitätskostenlogik kann der SVA, im Gegensatz zu den anderen Ansätzen, die Nachhaltigkeitsleistung eines Unternehmens in einer einzigen Kennzahl (z.B. Euro) ausdrücken und somit für Unternehmen weniger Abstrakt und in deren Sprache darstellen.[354]

4.2 Das Sustainable-Value-Konzept

Bisher betrachteten Investoren und Analysten bei der Unternehmensbewertung und der Bewertung der Attraktivität einer Investition hauptsächlich die Kapitalrentabilität und somit lediglich den Einsatz ökonomischer Ressourcen. Allerdings benötigen Unternehmen nicht nur ökonomische, sondern auch ökologische, soziale und kulturelle Ressourcen, um einen Ertrag zu erzielen.[355] Dies scheinen heute auch immer mehr Investoren zu erkennen, weshalb sie mehr Verantwortungsübernahme von Unternehmen fordern und nachhaltige Geldanlagen stetig an Attraktivität gewinnen.[356]

Damit die Nachhaltigkeitsleistung eines Unternehmens bewertet werden kann, müssen demnach nicht nur die eingesetzten ökonomischen, sondern auch alle anderen eingesetzten Ressourcen berücksichtigt und kalkuliert werden. Allerdings ist es in der

[351] Dazu stellvertretend: Figge / Hahn (2001)
[352] Vgl. Figge / Hahn (2004), S. 129
[353] Vgl. Arnsfeld / Peters / Wübben (2011), S. 80
[354] Vgl. Figge / Hahn (2004), S. 129
[355] Vgl. Hahn / Liessen (2007), S. 13
[356] Vgl. Bergius (2013); Vgl. o.V. (2012), [Union Investment]

Praxis nicht immer einfach, den Preis einer Ressource zu bestimmen. Bereits bei ökonomischen Ressourcen ist dies oft nicht einfach, bei ökologischen, sozialen und allen weiteren jedoch ist eine Bewertung um ein Vielfaches schwerer.[357]

Um dieses Problem zu lösen, wurde der Sustainable-Value-Ansatz von Figge und Hahn im Rahmen eines vom Bundesministerium für Forschung und Entwicklung geförderten Projekts zur Bewertung der Nachhaltigkeitsleistung von 65 europäischen Industrieunternehmen entwickelt. Dabei setzt das Sustainable-Value-Konzept ähnlich wie bereits etablierte ökonomische Bewertungskonzepte der Finanzanalyse (z.B. Shareholder Value-Ansatz, Economic Value Added (EVA®)) auf die Opportunitätskostenlogik.[358] Gemäß dieser Logik erzielt ein Unternehmen nur dann einen nachhaltigen Mehrwert für die Gesellschaft (Sustainable Value), wenn ökonomische, ökologische und soziale Ressourcen effizienter eingesetzt werden, als bei Vergleichsunternehmen oder dem Benchmark.[359]

Somit setzt der Sustainable-Value-Added auf den Grundpfeilern der klassischen Finanzanalyse auf. Dort werden zur Bewertung der Effizienz eines Unternehmens Effizienzkennzahlen eingesetzt, um gewünschte und unerwünschte Effekte gegeneinander abzuwägen. Ein gutes Beispiel stellt in diesem Zusammenhang das Risiko-Rendite-Verhältnis dar. Es wird generell angenommen, dass Investoren Risiko gegenüber abgeneigt sind und Rendite schätzen. Aus diesem Grund nutzen Investoren bei Investitionsentscheidungen verschiedene Kennzahlen, die die Beziehung zwischen diesen beiden Aspekten beschreiben. Die bekanntesten Kennzahlen in diesem Sinne sind das Sharp Ratio[360] mit seiner Anwendung bei dem Capital Asset Pricing Model und das Treynor Ratio.[361] [362]

Daraus konnten zwei wesentliche Einsichten für den SVA gewonnen werden:

1. Zur Bewertung von Effizienz ist es hilfreich, die Opportunitätskosten zu betrachten, denn bewerten ist vergleichen. In der Finanzrechnung werden dazu mögliche Investitionen mit einem Benchmark verglichen. Auf diese Art

[357] Vgl. Hahn / Liessen (2007), S. 13 f.
[358] Vgl. Greilinger / Ther (2010), S. 55
[359] Vgl. Arnsfeld / Peters / Wübben (2011), S. 80
[360] Dazu stellvertretend: Sharp (1966)
[361] Dazu stellvertretend: Treynor (1965)
[362] Vgl. Figge / Hahn (2004), S. 8 f.

und Weise sollte das auch bei der Bewertung der Nachhaltigkeitsleistung geschehen.[363]

2. In der Praxis können Risiko-Rendite-Kennzahlen genauso wie Öko-Effizienzkennzahlen lediglich von Experten richtig Interpretiert werden, was nicht stakeholderfreundlich ist. Die Komplexität dieser Kennzahlensysteme ist dem Fakt geschuldet, dass beispielsweise Risiko und Rendite (oder CO2-Ausstoss und Wertschöpfung) in zwei verschiedenen Einheiten gemessen werden und dadurch künstliche Einheiten entstehen, die eine Interpretation erschweren. Dies ist eine generelle Kritik an Effizienzkennzahlen.[364]

Um den zweiten Punkt und somit die Interpretation der Ergebnisse zu vereinfachen, stellten Modigliani und Modigliani (1997) eine neue Möglichkeit zur risikobereinigten Performancemessung vor, die eine verbesserte Darstellung des Risiko-Rendite-Verhältnisses erlaubte. Mit dieser neuen Kennzahl war es fortan möglich, die Beziehung zwischen Risiko und Rendite in monetären Einheiten darzustellen. Ähnlich wird auch der Sustainable Value Added eines Unternehmens zur Bewertung der Nachhaltigkeitsleistung berechnet.[365] Dabei wird der Ressourceneinsatz eines Unternehmens mit dem eines Benchmarks verglichen. Hierbei wird die Wertschöpfung ins Verhältnis zum Ressourcenverbrauch gesetzt, was einen Vergleich mit dem Benchmark ermöglicht. Der Benchmark kann dabei auf Unternehmens-, Branchen- oder Länderebene gewählt werden.[366] Eine geeignete Ertragsgröße auf Unternehmensebene ist beispielsweise die Nettowertschöpfung, die sich auf Benchmarkebene mit dem Nettoinlandsprodukt einer Volkswirtschaft vergleichen lässt.[367]

4.3 Ermittlung des Sustainable Value

Insgesamt gibt es sechs Berechnungsschritte zur Ermittlung des Sustainable Value, die nun im Einzelnen kurz erläutert werden. Dazu werden die verschiedenen Schritte und Beziehungen zunächst grafisch dargestellt, um somit ein besseres Verständnis zu gewährleisten und eine Übersicht der einzelnen Beziehungen zu bieten:

---

[363] Vgl. Figge / Hahn (2004), S. 9
[364] Vgl. Figge / Hahn (2004), S. 9
[365] Vgl. Figge / Hahn (2004), S. 9; Albrecht (2005), S. 6 ff.
[366] Vgl. Arnsfeld / Peters / Wübben (2011), S. 80
[367] Vgl. Hahn / Liessen (2007), S. 16 f.

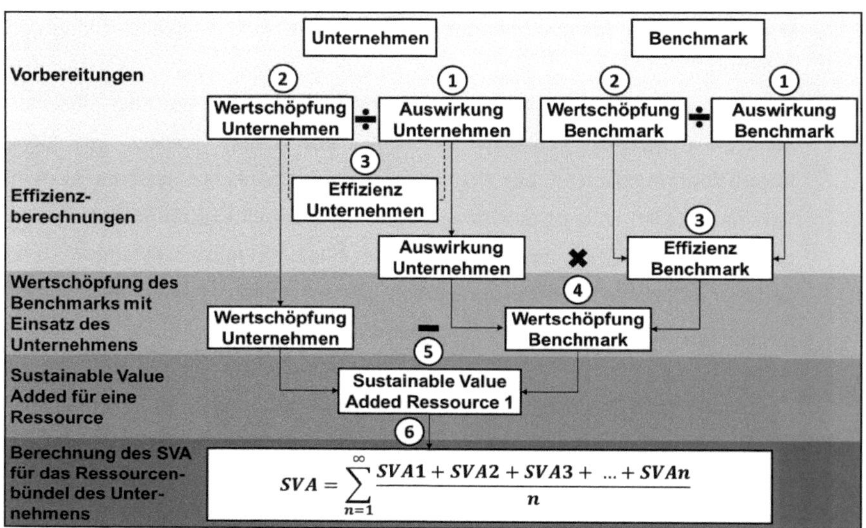

Abbildung 7: Berechnungsschritte zur Ermittlung des Sustainable Value
Quelle: Eigene Darstellung

1. Welche Ressourcenmenge setzt das Unternehmen ein?
2. Welchen Ertrag erzielt das Unternehmen mit dieser Ressource?
3. Wie effizient arbeiten Unternehmen und Benchmark mit der Ressource?
4. Welchen Ertrag hätte der Benchmark mit dieser Ressource erzielt?
5. Welchen Wertbeitrag schafft jede einzelne vom Unternehmen eingesetzte Ressource?
6. Wie viel Sustainable Value schafft das Unternehmen mit einem Set von Ressourcen?

Bei der Bewertung der Nachhaltigkeitsleistung der Untersuchungsgruppe wurden genau diese sechs Berechnungsschritte angewandt. Im Folgenden werden diese einzeln erläutert. Mit Abbildung 8 wird eine Beispielrechnung zur Ermittlung der CO_2-Emissionen der BASF SE angeboten, die die Erläuterungen zu den einzelnen Schritten begleitet, um einen direkten Bezug für den Leser herzustellen. Aus Gründen der besseren Übersicht, wurde der sechste und letzte Berechnungsschritt zur Bildung des SVA in der Beispielrechnung nicht aufgeführt. Auf diesen wird, im Anschluss an Schritt fünf, in Kapitel 4.3.6 eingegangen und das Beispiel der BASF fortgeführt.

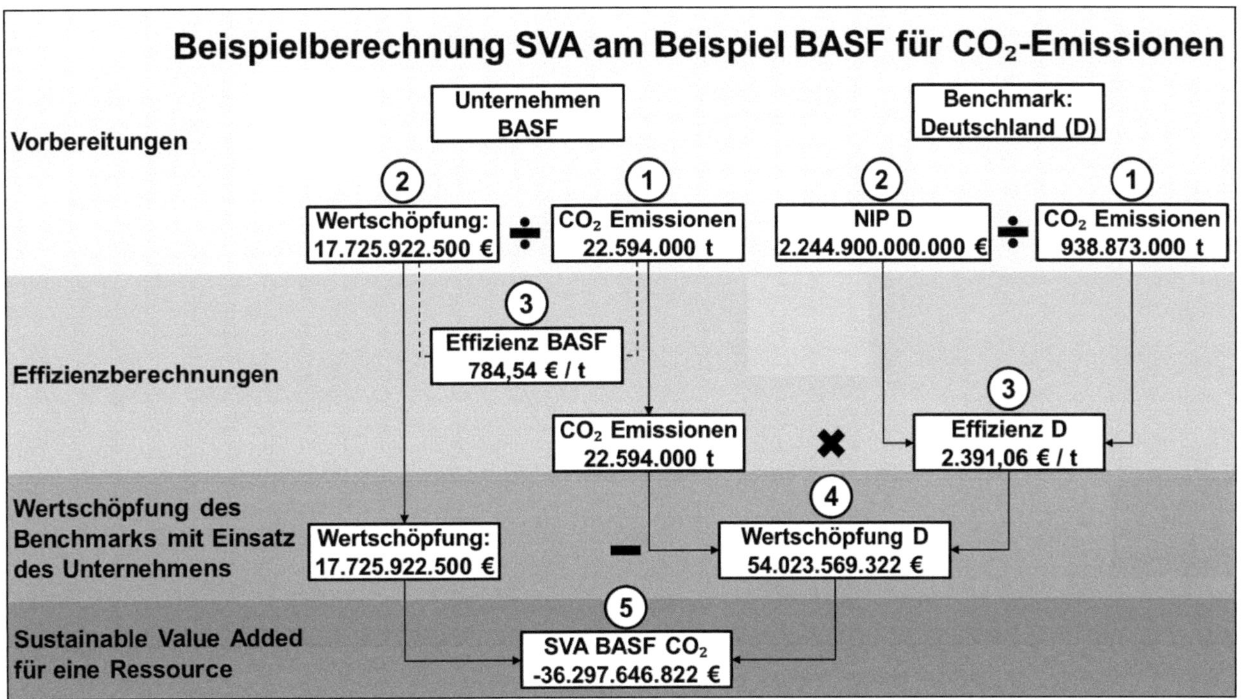

Abbildung 8: Beispielrechnung SVA am Beispiel BASF für CO_2-Emissionen
Quelle: Eigene Darstellung

4.3.1 Schritt 1: Welche Ressourcenmenge setzt das Unternehmen ein?

In den vorbereitenden Schritten wird zunächst ermittelt, welche Menge einer Ressource das zu bewertende Unternehmen in einem Jahr einsetzt. Benötigt werden also alle Leistungswerte für die betrachteten Indikatoren. In dieser Arbeit findet eine Diskussion zu den eingesetzten Indikatoren in Kapitel 5.3 (S. 89 f.) statt. An dieser Stelle sollte darauf geachtet werden, dass die Daten zum Ressourcenverbrauch (ökonomisch, ökologisch und sozial) den gleichen Geltungsbereich wie die Ertragsdaten aufweisen.[368]

Außerdem ist es in diesem Schritt nötig, einen Benchmark zu definieren. Als Benchmark können Volkswirtschaften, Branchen oder eine spezielle Gruppe von Unternehmen dienen.[369] In dieser Arbeit wird die deutsche Volkswirtschaft als Benchmark herangezogen. Somit werden die untersuchten Unternehmen mit der durchschnittlichen Effizienz des Ressourceneinsatzes der deutschen Volkswirtschaft verglichen. Zusätzlich wird noch ein zweiter Benchmark betrachtet, der aus den gesammelten Daten der Untersuchungsgruppe erzeugt wurde.

In der Beispielrechnung (Abb. 8) ist abzulesen, dass die BASF in einem Jahr 22.594.000 t an CO_2 ausstößt, während die gesamte deutsche Volkswirtschaft 938.873.000 t emittierte.

4.3.2 Schritt 2: Welchen Ertrag erzielt das Unternehmen mit dieser Ressource?

Im zweiten vorbereitenden Schritt muss ermittelt werden, wie viel Ertrag ein Unternehmen mit der eingesetzten Ressourcenmenge erzielt hat. Dazu wird in dieser Bewertung die Nettowertschöpfung als Ertragsgröße der Unternehmen betrachtet. Diese enthält den Ertrag für die Anteilseigner (Gewinn), die Fremdkapitalgeber (Zinszahlungen), den Staat (Gewinnsteuern) und die Mitarbeiter (Personalaufwand) und bietet den Vorteil, dass sie den Beitrag eines Unternehmens zum Nettoinlandsprodukt einer Volkswirtschaft darstellt. Demnach entspricht die Nettowertschöpfung aller deutschen Unternehmen dem deutschen Nettoinlandsprodukt, wodurch ein direkter Verglich mit der deutschen Volkswirtschaft ermöglicht wird.[370]

---

[368] Vgl. Hahn / Liesen (2007), S. 16
[369] Vgl. Hahn / Liesen (2007), S. 17 f.
[370] Vgl. Hahn / Liesen (2007), S. 16 ff.

Zur Berechnung der Nettowertschöpfung hat die Monopolkommission der deutschen Bundesregierung 2012 folgendes verkürztes Schema vorgelegt:[371]

Ergebnis vor Zinsen und Steuern (EBIT)

+ Personalaufwand

+ Vergütungen für die Mitglieder des Aufsichtsrats und vergleichbarer Gremien

./. sonstige Steuern

= Nettowertschöpfung zu Faktorkosten.

Beim Anwenden der Formel der Monopolkommission auf das Beispiel (Abb. 8, S. 77) weist die BASF im Jahr 2012 eine Nettowertschöpfung von 17.725.922.500 Euro auf. Die Daten der vorbereitendenden Schritte (Schritt 1 und 2) stellen den Ausgangspunkt für die Berechnung des Sustainable Value Added dar, daher sollten sie entsprechend sauber recherchiert werden, um später eine hohe Qualität und Aussagekraft des SVA zu gewährleisten.[372]

4.3.3 Schritt 3: Wie effizient arbeiten Unternehmen und Benchmark mit der Ressource?

In diesem ersten Berechnungsschritt wird die Ressourceneffizienz des Unternehmens und des Benchmarks bestimmt. Dafür wird in dieser Arbeit folgende Formel analog für Unternehmen und Benchmark angewandt:[373]

$$\boldsymbol{Ressourceneffizienz = \frac{Wertschöpfung}{Ressourceneinsatz\ bzw.\ Auswirkung}}$$

Auch wenn die Ressourceneffizienz der Unternehmen in der weiteren Berechnung keine Rolle mehr spielt, so bietet sie an dieser Stelle bereits einen ersten Anhaltspunkt zur Nachhaltigkeitsleistung der Unternehmen. Dabei symbolisiert die Effizienz des Benchmarks eine Hürde (engl. hurdle rate), die Unternehmen überwinden müssen, um mit ihren eingesetzten Ressourcen einen nachhaltigen Mehrwert (SVA)

[371] Vgl. o.V. (2012), [Monopolkommission]
Die ursprüngliche Formel der Monopolkommission enthält eine Addition des unkonsolidierten Zinsergebnis von in den Konsolidierungskreis einbezogenen Kreditinstituten. Da dieser Wert für Außenstehende nicht einzusehen ist wurde diese Position vereinfachend aus der Formel entfernt und wird auch im Weiteren nicht berücksichtigt.

[372] Vgl. Hahn / Liesen (2007), S. 16

[373] Vgl. Figge / Hahn (2004), S. 10

gegenüber dem Benchmark zu schaffen. Die Benchmarkeffizienz spiegelt somit die angestrebte Mindestverzinsung auf die eingesetzten Ressourcen wieder – alles was darüber liegt, schafft im Vergleich zum Benchmark Mehrwert.[374]
Solche ‚hurdle rates' sind in der wertorientierten Unternehmensführung bereits etabliert und spiegeln oft zukünftige (erreichbare) Ziele von Unternehmen wieder. Ein Beispiel dazu stellt die Kapitalrentabilität dar, die in Zukunft von einem Unternehmen erreicht werden möchte. Ähnlich könnte dies auch bei dem Sustainable Value Added funktionieren und somit seine Anwendung nicht nur vergangenheitsorientiert, sondern auch zukunftsorientiert mit Zielen verknüpft werden. Dadurch wird eine komplett neue Möglichkeit gegeben, Zukunftsszenarien durchzuspielen. Zusätzlich kann ein Bezug zu der Lücke (sog. Sustainable Gap) zum wirklich nachhaltigen Wirtschaften hergestellt werden.[375] Bereits heute existieren klar formulierte Ziele in unserer Gesellschaft über das zukünftige Wirtschaftswachstum und den zukünftigen Einsatz verschiedener Ressourcen, die so in den SVA einbezogen werden könnten (Lissabon-Vertrag, Kyoto-Protokill, etc.).[376]

In der Beispielrechnung (Abb. 8, S. 77) wird ersichtlich, dass die BASF lediglich 784,54 € pro t CO_2-Ausstoß an Wertschöpfung erzielt, während die deutsche Volkswirtschaft 2.391,06 € pro t CO_2-Ausstoß erwirtschaftet. Das zeigt, dass die deutsche Volkswirtschaft die Ressource CO_2 effizienter einsetzt.

4.3.4 Schritt 4: Welchen Ertrag hätte der Benchmark mit dieser Ressource erzielt?

Anhand der im vorherigen Schritt errechneten Größe (Effizienz des Benchmarks) kann nun sehr einfach ausgerechnet werden, welche Wertschöpfung der Benchmark mit der von dem Unternehmen eingesetzten Ressourcenmenge erzielt hätte. Dazu muss lediglich die Menge der eingesetzten Ressource mit der entsprechenden Effizienzgröße auf Benchmarkseite multipliziert werden. Als Produkt dieser beiden Faktoren erhält man den Ertrag, den der Benchmark mit dem Ressourceneinsatz des Unternehmens erzielt hätte.[377]

[374] Vgl. Hahn / Liesen (2007), S. 19
[375] Siehe Kapitel 3.5, S. 67 (Sustainable Gap)
[376] Vgl. Hahn / Liesen (2007), S. 19
[377] Vgl. Hahn / Liesen (2007), S. 18

In dem Beispiel (Abb. 8, S. 77) sieht das wie folgt aus:

$$\boldsymbol{Ertrag\ des\ Benchmarks = 22.594.000\ t \times 2.391{,}06\ €\,/\,\mathrm{t}\ =\ 54.023.569.322\ €}$$

Dabei sind die 54.023.569.322 € der Ertrag, den die deutsche Volkswirtschaft mit den CO_2-Emissionen der BASF zum Nettoinlandsprodukt beigesteuert hätte. Also das Gegenstück zur Nettowertschöpfung der BASF, die in Schritt 2 mit 17.725.922.500 Euro errechnet wurde.

4.3.5 Schritt 5: Welchen SVA schafft jede einzelne vom Unternehmen eingesetzte Ressource?

Um zu bestimmen, ob ein Unternehmen einen positiven oder negativen SVA mit einer Ressource erzielt, muss der Ertrag, den ein Unternehmen mit einer Ressource erzielt, mit dem Ertrag, den der Benchmark mit derselben Ressourcenmenge erzielt hätte, verglichen werden. Dazu ist es nötig, den Ertrag, den der Benchmark mit der betrachteten Ressource geschaffen hätte, von der Nettowertschöpfung des Unternehmens zu subtrahieren. Das Ergebnis ist der Sustainable Value Added für eine eingesetzte Ressource und zeigt, wie viel mehr oder weniger Ertrag ein Unternehmen im Vergleich zum Benchmark schafft.[378]

Im Beispiel (Abb. 8, S. 77) ist der Sustainable Value Added der BASF negativ, da die BASF (im Vergleich mit Deutschland als gesellschaftlicher Benchmark) 1.606,52 Euro pro t CO_2-Ausstoß weniger Ertrag erzielt, als die deutsche Volkswirtschaft. Das bedeutet, die BASF hat im Jahr 2012 einen negativen SVA von -36.297.646.822 €. Anders ausgedrückt externalisierte die BASF im Jahr 2012 Umweltbelastungen durch CO_2-Ausstoß von 36.297.646.822 €, die von der gesamten deutschen Volkswirtschaft und somit der Gesellschaft ausgeglichen werden müssen.[379]

4.3.6 Schritt 6: Wie viel Sustainable Value schafft das Unternehmen mit einem Set von Ressourcen?

Da Unternehmen in der Realität jedoch nicht nur eine Ressource einsetzen, wird im sechsten und letzten Schritt bestimmt, wie viel Sustainable Value Added ein Unternehmen mit einem möglichst umfassenden Bündel an Ressourcen schafft. Dafür

[378] Vgl. Hahn / Liesen (2007), S. 20

[379] Externalisierte Folgen i.S. der Unternehmensethik. Vgl. Kapitel 2.2.1, Ulrich, S. 11 f.

müssen im Voraus, für jede Ressource individuell, die Berechnungsschritte eins bis fünf durchgeführt werden. Die anschließende Zusammenführung der einzelnen Ressourcen zu einem Bündel geschieht am besten, indem man zunächst die Summe aller einzelnen SVAs bildet, die dann im Anschluss durch die Anzahl der berücksichtigten Ressourcen dividiert wird (arithmetisches Mittel). Eine Gleichgewichtung der einzelnen Ressourcen wird verhindert, da die Ressourcen gemäß ihrer Effizienz auf Benchmarkebene gewichtet werden. In Deutschland wurden zum Beispiel im Jahr 2012 etwa doppelt so viele Stickoxide (NO_x) in die Luft ausgestoßen, wie flüchtige organische Verbindungen (VOC). Das heißt, dass für jeden Euro des Nettoinlandsprodukts doppelt so viele NO_x-Emissionen, wie VOC-Emissionen benötigt wurden. Das führt dazu, dass VOC-Emissionen aufgrund der Effizienzlogik einen 2,0-fachen wertorientierten Gewichtungsfaktor im Vergleich zu NO_x-Emissionen innehaben. Somit wird geringeren Mengen eines gefährlichen Stoffes trotzdem ein starkes Gewicht in der Gesamtrechnung zuteil.[380]

In Tabelle 8 wird zum Abschluss der Berechnungsschritte der Sustainable Value Added für das betrachtete Ressourcenbündel der BASF im Jahr 2012 dargestellt. Insgesamt weist die BASF nach dieser Rechnung einen negativen SVA von -10.193.390.398 Euro auf, was gleichzeitig bedeutet, dass die BASF ihre Ressourcen um diesen Wert weniger effizient einsetzt, als die deutsche Volkswirtschaft.

Auf diese Weise schafft der Sustainable Value Ansatzes durch das Nutzen der Opportunitätskostenlogik aus der Finanzanalyse einen monetären Indikator zur Bewertung der Nachhaltigkeitsleistung von Unternehmen.

[380] Vgl. Hahn / Liesen (2007), S. 20 f.

Ressourcen	Von BASF genutzte Mengen	Nettowertschöpfung BASF	Ertrag der BRD (Opportunitätskosten)	SVA (einzeln)
Kapitaleinsatz	32.609.000.000 €	17.725.922.500 €	13.470.300.526 €	4.255.621.974 €
FuE-Aufwendungen	1.746.000.000 €	17.725.922.500 €	58.852.783.784 €	-41.126.861.284 €
Investitionen in Sachanlagen	5.397.000.000 €	17.725.922.500 €	20.108.922.537 €	-2.383.000.037 €
CO_2-Emissionen	22.594.000 t	17.725.922.500 €	54.023.569.322 €	-36.297.646.822 €
Wassereinsatz	2.009.000.000 m³	17.725.922.500 €	118.360.384.737 €	-100.634.462.237 €
Primärenergieeinsatz	61.500.000 t	17.725.922.500 €	36.128.578.905 €	-18.402.656.405 €
Abfall Gesamtaufkommen	1.320.000 t	17.725.922.500 €	13.004.153.198 €	4.721.769.302 €
Staub-Emissionen	2.860 t	17.725.922.500 €	23.675.402.401 €	-5.949.479.901 €
NO_X-Emissionen	12.280 t	17.725.922.500 €	21.397.856.440 €	-3.671.933.940 €
VOC-Emissionen	6.250 t	17.725.922.500 €	13.941.275.366 €	3.784.647.134 €
SO_X-Emission	3.450 t	17.725.922.500 €	17.420.683.745 €	305.238.755 €
Anzahl der Arbeitsplätze	113.262	17.725.922.500 €	6.117.210.725 €	11.608.711.775 €
Anzahl der Auszubildenden	2.809	17.725.922.500 €	11.438.861.578 €	6.287.060.922 €
Arbeitsunfälle	355	17.725.922.500 €	515.758.481 €	17.185.665.491 €
Spenden/Sponsoring	49.200.000 €	17.725.922.500 €	10.132.943.119 €	7.592.979.381 €
Summe (15 Indikatoren)				-152.724.345.892 €
Sustainable Value Added 2012				**-10.181.623.059 €**

Tabelle 8: Sustainable Value Added für die BASF SE im Jahr 2012
Quelle: Eigene Darstellung

4.4 Berücksichtigung von Unternehmensgrößen

Der SVA gibt an, wie viel Wert ein Unternehmen im Vergleich zu einem Benchmark unter Berücksichtigung der eingesetzten Ressourcen schafft. Dabei ist er als absolute monetäre Größe natürlich abhängig von der Unternehmensgröße. Große Unternehmen tendieren dazu, eher höhere Gewinne, Cashflows und Umsätze zu erzielen als kleinere – ein Trend, der durch die Erwartungen der Finanzmärkte zusätzlich verstärkt wird. Bei Betrachtung der Nettowertschöpfung, wie sie in dieser Arbeit erfolgt, ist dieser Effekt am deutlichsten bei den höheren Personalaufwendungen großer Unternehmen mit mehr Mitarbeitern wiederzufinden, die einen erheblichen Teil der Nettowertschöpfung ausmachen.[381] Allerdings stört dieser Größeneffekt bei einem Vergleich der verschiedenen Unternehmen.[382] Um die Größenunterschiede zu relativieren und eine Vergleichbarkeit zwischen unterschiedlich großen Unternehmen herzustellen, wird das Verhältnis zwischen Nettowertschöpfung und SVA mithilfe einer Rentabilitätskennzahl dargestellt.

Das Verfahren folgt analog der Vorgehensweise zur Bildung von Rentabilitätskennzahlen der Finanzmathematik, indem der Ertrag eines Unternehmens mit der Nettowertschöpfung ins Verhältnis gesetzt wird. In dieser Arbeit wird der Sustainable Value Added aus dem Vergleich zu einem gesellschaftlichen Benchmark mit der Nettowertschöpfung des Unternehmens ins Verhältnis gesetzt, um somit den Größenunterschied zu relativieren. Diese Kennzahl heißt Ressourcenrentabilität und wird passend zur Beispielrechnung des Kapitels 4.3.6 (S. 83) in Abbildung 10 für die BASF veranschaulicht.

Ressourcenrentabilität der BASF (2012)

$$\text{Ressourcenrentabilität} = \frac{Sustainable\ Value\ Added}{Nettowertschöpfung}$$

$$= \frac{-10.181.623.059\ €}{17.725.922.500\ €}$$

$$= -0{,}574$$

Abbildung 9: Berechnung Ressourcenrentabilität der BASF SE im Jahr 2012
Quelle: Eigene Darstellung

[381] siehe Formel Monopolkommission Kapitel 4.3.2, S. 79
[382] Vgl. Hahn / Liesen (2007), S. 22

Eine Erklärung zur Interpretation der Ergebnisse ist nötig, da es sich bei der Ressourcenrentabilität nun wieder um eine relative Kennzahl handelt. Die Kennzahl zeigt dabei an, um welchen Faktor ein Unternehmen seine Ressourcen effizienter oder weniger effizient als der Benchmark einsetzt. Eine Ressourcenrentabilität über null bedeutet, dass ein Unternehmen seine Ressourcen effizienter als der Benchmark einsetzt und somit einen positiven Wert (SVA) schafft. Ein Wert unter null bedeutet hingegen eine ineffiziente Ressourcennutzung.[383] In Abbildung 10 ist zu erkennen, dass die BASF einen Faktor von -0,574 erreicht. Das bedeutet, dass die BASF ihre Ressourcen im Vergleich zum Benchmark nicht effizient einsetzt. Wenn die gesamte deutsche Volkswirtschaft die Ressourcenrentabilität der BASF aufweisen würde, bedeutet diese eine Weitergabe externalisierter Kosten von NIP Mal dem Faktor von -0,574 an zukünftige Generationen.[384] Dies würde jedoch weder bereits angesprochenen ethischen Überlegungen (Kapitel 2) noch dem Nachhaltigkeitsgedanken (Kapitel 3) entsprechen.

[383] Vgl. Arnsfeld / Peters / Wübben (2011), S. 81

[384] Externalisierte Folgen i.S. der Unternehmensethik. Vgl. Kapitel 2.2.1, Ulrich, S. 11 f.

5 Konzeption der Studie

In diesem Kapitel werden die konzeptionellen Rahmenbedingungen sowie der Umfang der Studie definiert, um ein richtiges Interpretieren der Untersuchungsergebnisse im nächsten Kapitel zu ermöglichen.

Dies umfasst die folgenden Punkte:

1. Auswahl der Untersuchungsgruppe
2. Definition des/der Benchmarks
3. Auswahl der Nachhaltigkeitsindikatoren
4. Betrachteter Zeitraum
5. Anmerkungen zur Datenerhebung und –aufbereitung

5.1 Auswahl der Untersuchungsgruppe

Im Rahmen dieser Arbeit wurden die Unternehmen des deutschen Aktienleitindex DAX30 auf ihre Nachhaltigkeitsaktivitäten untersucht (ausgenommen Banken und Versicherer). Der Leitindex für den deutschen Aktienmarkt gibt Auskunft über Entwicklungen der 30 größten und umsatzstärksten Unternehmen und repräsentiert mehr als 75 Prozent des Grundkapitals inländischer börsennotierter Unternehmen.[385]

Aufgrund dieses Volumens und der Unternehmensgrößen hat der DAX30 mehrere Vorteile, um als Benchmark zu dienen. Einige der Vorteile sind:[386]

- Steht repräsentativ für den deutschen Kapitalmarkt
- Dient als Marktbarometer und Vergleichsmaßstab (Benchmark)
- Transparente Informations- und Kommunikationspolitik

Banken und Versicherungen wurden in der Untersuchung nicht berücksichtigt, da diese ein zu spezielles Geschäftsmodell aufweisen: Sie unterscheiden sich vor allem in der Zusammensetzung der Wertschöpfung, Bilanzierung und Geschäftsaktivitäten.[387] Auch wenn Unternehmen dieser Branchen Nachhaltigkeitsaktivitäten durch-

[385] Vgl. Giese / Godemann / Herzig / Hetze (2012), S. 19
[386] Vgl. Alisch / Arentzen / Winter (2004), S. 680
[387] Vgl. o.V. (2012), [Monopolkommission]

führen, so können diese nicht mit dem zugrunde gelegten Bewertungsansatz des SVA beurteilt bzw. abgedeckt werden. Folgende DAX30-Unternehmen gehören deswegen nicht zur Untersuchungsgruppe: Allianz SE, Commerzbank AG, Deutsche Bank AG, Münchener Rückversicherungs-Gesellschaft AG.

Außerdem konnte keine Bewertung der Fresenius-Gruppe (Fresenius und Fresenius Medical Care werden im DAX30 separat geführt) vorgenommen werden, da laut eigenen Aussagen aufgrund der dezentralen Struktur keine konsolidierten Ergebnisse für die gesamte Unternehmensgruppe berichtet werden. Eine zuverlässige Analyse der Fresenius-Gruppe war somit nicht möglich.

Eine Liste der insgesamt 24 untersuchten Unternehmen mit Auskunft darüber, welche Jahre mit in die Bewertung einfließen konnten ist im Anhang B zu finden. Der Anhang ist auf der Verlagshomepage (www.eul-verlag.de/pdf-wz/9783844103663_Anhang.pdf) hinterlegt, um dort die vielseitigen und flexiblen Möglichkeiten der multimedialen Darstellung zu nutzen.

5.2 Definition des/der Benchmarks

Zur Bewertung der Nachhaltigkeitsleistung werden zwei Benchmarks herangezogen. Zunächst werden die Unternehmen mit der deutschen Volkswirtschaft und deren Ressourceneffizienz verglichen. Dazu dient auf Unternehmensebene die Nettowertschöpfung als Beitrag zum Nettoinlandsprodukt der deutschen Volkswirtschaft und ermöglicht somit den Vergleich (siehe auch Kapitel 4.3.2, S. 78).

Zusätzlich wird ein DAX30-Benchmark erstellt, er bildet das arithmetische Mittel der einzelnen Indikatoren ab. Die kumulierten Ergebnisse konnten nicht direkt als Benchmark verwendet werden, da nicht alle Indikatoren von allen Unternehmen berichtet wurden. Das hätte zu einer Unterrepräsentation mehrerer Indikatoren im Benchmark geführt. Das kumulierte Ergebnis eines Indikators für jedes Jahr wurde aus diesem Grund darauf hin untersucht, wie oft Daten vorlagen und anschließend durch diesen Wert dividiert. Mithilfe des arithmetischen Mittels wurde somit ein repräsentativer Durchschnitt ermittelt, der die Ressourcenverbräuche der 24 untersuchten Unternehmen als ein DAX30-Durchschnittsunternehmen darstellt. Auf dieser Basis werden der Ressourceneinsatz und die Effizienz der Unternehmen zusätzlich mit den Ergebnissen des neu gebildeten Benchmarks verglichen.

Eine einzelne Branchenbetrachtung wird in dieser Arbeit nicht vorgenommen, da die Untersuchungsgruppe für aussagekräftige Analysen einzelner Branchen nicht ausreicht bzw. gezielt Unternehmen nach Branchenherkunft hinzugefügt werden müssten.

5.3 Auswahl der Nachhaltigkeitsindikatoren

Die Auswahl der Nachhaltigkeitsindikatoren ist ein bedeutender Einflussfaktor für die Aussagekraft der durchgeführten Analyse. Bei Betrachtung bisheriger Studien kann die Herkunft des SVA (Öko-Effizienzgedanken) aufgrund der Menge an ökologischen Indikatoren einfach erkannt werden.[388] Auch in dieser Arbeit ist ein Übergewicht der ökologischen Indikatoren zu erkennen, was hauptsächlich an der (bisher) schlechten Quantifizierbarkeit sozialer Indikatoren liegt. Trotzdem sind die in dieser Analyse berücksichtigten Nachhaltigkeitsaspekte so breit wie noch in keiner Studie aufgestellt und bieten dadurch die Möglichkeit einer ausgewogenen Bewertung. Insgesamt werden 16 Indikatoren berücksichtigt, wobei davon drei auf ökonomische Indikatoren, acht auf ökologische und fünf auf soziale Indikatoren entfallen.

Das Verwenden mehrerer Indikatoren hat den Vorteil, dass Resultate zuverlässiger sind und Messfehler ausgeglichen werden können. Durch die Bildung des Durchschnitts von mehreren Indikatoren, werden zusätzlich extreme Werte abgemildert. Trotzdem werden die enthaltenen Informationen nicht wesentlich reduziert, sondern lediglich vereinfachend in einer Zahl ausgedrückt. Vor allem bei komplizierten Sachverhalten, wie das monetäre Bewerten der Nachhaltigkeitsleistung, wird empfohlen, mehrere Indikatoren einzusetzen, um diese zuverlässiger und besser prüfbar zu gestalten.[389] Dies hat besonders bei der Bewertung und Auswertung verschiedener Dimensionen (z.B. Ökonomie, Ökologie und Soziales) einen weiteren Vorteil: Jede Dimension kann eigenständig betrachten werden, ohne auf die bereits erwähnten

[388] Öffentlich, zugängliche Studien können beispielsweise hier eingesehen werden: http://sustainablevalue.com/publications/downloads/index.html [19.03.2014] oder auf der Homepage des Deutschen Instituts für Wirtschaftsforschung e.V. in Berlin (DIW)

[389] Vgl. Gehring / Weins (2009), S. 47

Vorteile verzichten zu müssen. In der Finanzanalyse sind multivariate Verfahren bereits seit vielen Jahren sehr verbreitet und ein Teil des täglichen Geschäfts (z.B. multivariate Diskriminanzanalyse).[390]

Folgende Indikatoren werden in dieser Studie berücksichtigt:

Ökonomische Indikatoren	Kapitaleinsatz
	Forschungs- und Entwicklungsaufwendungen
	Investitionen in Sachanlagen
Ökologische Indikatoren	CO_2-Emissionen (Kohlendioxid)
	Wassereinsatz
	Primärenergieeinsatz
	Abfallgesamtaufkommen
	Staub-Emissionen (kleiner 10 µm)
	NO_x-Emissionen (Stickoxide)
	VOC-Emissionen (Flüchtige organische Verbindungen)
	SO_x-Emissionen (Schwefeloxide)
Soziale Indikatoren	Anzahl der Arbeitsplätze
	Anzahl der Auszubildenden
	Anzahl der schwerbehinderten Arbeitnehmer
	Arbeitsunfälle
	Spenden / Sponsoring

Tabelle 9: Berücksichtige Nachhaltigkeitsindikatoren zur Ermittlung des SVA

Eine detaillierte Beschreibung der einzelnen Indikatoren sowie deren Bedeutung für diese Arbeit sind in Anhang A zu finden. Der Anhang ist auf der Verlagshomepage (www.eul-verlag.de/pdf-wz/9783844103663_Anhang.pdf) hinterlegt, um dort die vielseitigen und flexiblen Möglichkeiten der multimedialen Darstellung zu nutzen.

5.4 Betrachteter Zeitraum

In dieser Arbeit wird der Sustainable Value Added der Untersuchungsgruppe über einen Zeitraum von drei Jahren empirisch untersucht. Dabei werden die Geschäftsjahre 2010, 2011 und 2012 betrachtet und analysiert. Wenn das Geschäftsjahr eines

[390] Vgl. Alparslan / Bächstädt / Geldermann (2007), 105 ff.

Unternehmens nicht dem Kalenderjahr entsprach, wurde das Geschäftsjahr dem Kalenderjahr zugeteilt, in welches der Großteil des Geschäftsjahres fiel.

Mit der Betrachtung eines Zeitraums von drei Jahren sollen Trends in der Nachhaltigkeitsleistung der Untersuchungsgruppe abgeleitet werden können.

5.5 Anmerkungen zur Datenerhebung und -aufbereitung

Die verwendeten Unternehmensdaten konnten größtenteils aus den veröffentlichten Geschäfts-, Umwelt-, Sozial- und Nachhaltigkeitsberichten der Unternehmen entnommen werden. Die Angaben wurden oft durch Veröffentlichungen auf den jeweiligen Firmenhomepages ergänzt. Beim Fehlen von Daten wurden Unternehmen direkt kontaktiert, womit diverse Informationslücken geschlossen werden konnten.

Die Daten des gesellschaftlichen Benchmarks (deutsche Volkswirtschaft) wurden aus verschiedenen Quellen gewonnen. Die meisten Daten konnten dem Statistischen Jahrbuch 2013[391] oder der Homepage des Statistischen Bundesamtes[392] entnommen werden. Ausnahmen stellen folgende, ausgewählte Indikatoren auf Benchmarkebene dar:

- Forschungs- und Entwicklungsaufwendungen
  Quelle: Stifterverband, FuE-Datenreport 2013[393]
- Anzahl der Auszubildenden
  Quelle: BMBF, Berufsbildungsbericht 2013[394]
- Anzahl der schwerbehinderten Arbeitnehmer
  Quelle: Bundesagentur für Arbeit, Der Arbeitsmarkt für schwerbehinderte Menschen (2013)[395]
- Arbeitsunfälle
  Quelle: DGUV, DGUV-Statistiken für die Praxis 2012[396]
- Spenden / Sponsoring
  Quelle: Institut der deutschen Wirtschaft Köln[397]

---

[391] o.V. (2013): [Statistisches Bundesamt]
[392] Statistisches Bundesamt: https://www.destatis.de
[393] o.V. (2013): [Stifterverband]
[394] o.V. (2013): [BMBF]
[395] o.V. (2013): [Bundesagentur für Arbeit]
[396] o.V. (2013): [DGUV]

Da nicht alle Daten jährlich auf Bundesebene erhoben werden und sich die Veröffentlichung der „umweltökonomischen Gesamtrechnung 2014“ mit den Daten für 2012 nach Rücksprache mit dem Statistischen Bundesamt verzögert, wurden bei den betroffenen Indikatoren die Werte aus 2011 übernommen, um eine Verunreinigung durch eine Trendextrapolation zu vermeiden. Dieses Vorgehen wurde lediglich auf Benchmarkebene angewandt. Auf Unternehmensebene wurden die fehlenden Indikatoren oder Jahre nicht bewertet.

Die Abdeckung der einzelnen Indikatoren wird in Anhang B tabellarisch dargestellt. Der Anhang ist auf der Verlagshomepage (www.eul-verlag.de/pdf-wz/9783844103663_Anhang.pdf) hinterlegt, um dort die vielseitigen und flexiblen Möglichkeiten der multimedialen Darstellung zu nutzen.

[397] Enste (2012)

6 Darstellung und Diskussion der Ergebnisse

An dieser Stelle werden nun die Untersuchungsergebnisse zur Nachhaltigkeitsleistung der Untersuchungsgruppe präsentiert und präzisiert. Die Ergebnisse des originären Sustainable-Value-Ansatzes werden einer Plausibilitätsprüfung unterzogen. Aus den identifizierten Problemen wird daraufhin eine Weiterentwicklung des Sustainable Value Ansatzes auf Basis ethischer und logischer Überlegungen vorgenommen. Dadurch sollen vor allem die Logik und Aussagekraft des Sustainable Value Added verbessert werden.

Im Anschluss werden die Resultate des modifizierten Sustainable Value Added bewertet und eingeordnet. Darauf aufbauend werden die Grenzen des Ansatzes aufgezeigt und eine kritische Bewertung durchgeführt.
Die einzelnen Berechnungen und Berechnungsschritte für den SVA und jedes Unternehmen können dem Anhang C entnommen werden. Die Ergebnisse des im Verlauf modifizierten SVA (mSVA), sind Anhang D zu entnehmen. Der Anhang ist auf der Verlagshomepage (www.eul-verlag.de/pdf-wz/9783844103663_Anhang.pdf) hinterlegt, um dort die vielseitigen und flexiblen Möglichkeiten der multimedialen Darstellung zu nutzen.

Die Sortierung der Ergebnisse erfolgt nach der Bewertung des Jahres 2012.

6.1 Ergebnisse der Analyse

Bei der Analyse mit dem gesellschaftlichen Benchmark (deutsche Volkswirtschaft) wird angezeigt, wie viel nachhaltigen Wert die Unternehmen durch ihren Ressourcenverbrauch im Vergleich zur deutschen Volkswirtschaft geschaffen haben. Dabei ist zu erkennen (siehe Tabelle 10), dass Siemens im Jahr 2012 den größten nachhaltigen absoluten Wert mit den eingesetzten Ressourcen (SVA) geschaffen hat (4,32 Mrd. €) und RWE (-163,19 Mrd. €) seine Ressourcen am ineffizientesten einsetzte. Eine detaillierte Darstellung der Bewertung der einzelnen Unternehmen kann dem Anhang C entnommen werden, der auf der Verlagshomepage (www.eul-verlag.de/pdf-wz/9783844103663_Anhang.pdf) hinterlegt ist.

Es ist ersichtlich, dass der SVA der analysierten Unternehmen in der Summe jährlich tiefer in den Minusbereich hineinreicht. Alleine im Betrachtungszeitraum von 2010 bis 2012 verschlechterte sich deren Beitrag um insgesamt 105,15 Mrd. €, was einer prozentualen Zunahme von 30,64% zu der ohnehin schon stark negativen Belastung aus dem Jahr 2010 entspricht. Anders ausgedrückt kann behauptet werden, dass die DAX30- Unternehmen unter Nachhaltigkeitsaspekten weniger effizient arbeiten als die restlichen deutschen Unternehmen. Dabei stellt der negative SVA den Wert dar, der an den Rest der deutschen Volkswirtschaft externalisiert wird.[398]

Absoluter Sustainable Value Added (in Mio. €)				
Unternehmen	**Ergebnis 2010**	**Ergebnis 2011**	**Ergebnis 2012**	**Differenz 2010-2012**
Siemens	2.172	2.724	4.323	2.151
Henkel	1.866	1.921	2.476	610
Daimler	1.160	1.519	2.475	1.315
Adidas	1.258	1.337	1.726	467
Beiersdorf	keine Angaben	327	793	keine Berechnung
Deutsche Börse	397	644	620	223
Merck	-800	-659	152	952
Infineon Technology	keine Angaben	keine Angaben	-1.552	keine Berechnung
Deutsche Telekom	6.291	6.619	-2.220	-8.511
SAP	-3.505	-1.472	-2.723	781
Bayer	-5.854	-3.106	-2.789	3.064
K+S	-2.485	-2.691	-2.793	-308
Linde	-2.872	-3.532	-3.135	-263
BMW	-1.925	-37	-3.180	-1.255
LANXESS	-3.608	-3.911	-3.434	173
Volkswagen	-8.634	-4.797	-3.956	4.679
BASF	-11.172	-11.127	-10.182	990
Deutsche Post	-9.523	-10.282	-10.649	-1.126
ThyssenKrupp	-11.302	-16.914	-12.224	-922
Dt.Lufthansa	-36.778	-46.988	-47.665	-10.887
HeidelbergCement	-44.033	-56.760	-49.878	-5.845
E.ON	-72.107	-133.982	-141.281	-69.174
RWE	-140.090	-145.832	-163.187	-23.097
Continental	-1.589	-1.294	keine Angaben	keine Berechnung
Summe	**-343.133**	**-428.291**	**-448.285**	**-105.152**
Durchschnitt	**-15.597**	**-18.621**	**-19.491**	**-3.894**
Anzahl	**22**	**23**	**23**	

Tabelle 10: Absoluter Sustainable Value Added der Untersuchungsgruppe mit dem Benchmark der deutschen Volkswirtschaft für die Jahre 2010 - 2012

Der Zuwachs der negativen Belastung wird hauptsächlich von den Energieerzeugern RWE und E.ON getrieben, die gemeinsam in 2012 rund 92 Mrd. € weniger effizient

398 Externalisierte Folgen i.S. der Unternehmensethik. Vgl. Kapitel 2.2.1, Ulrich, S. 11 f.

arbeiten, als noch im Vergleichsjahr 2010. Eine solche Zuspitzung ist laut verschiedener Medien und Studien insbesondere auf falsche Investitionspolitik und dem Festhalten alter Geschäftsmodelle zurückzuführen. Noch im Jahr 2005 (fünf Jahre nach dem Beschluss des Erneuerbare-Energien-Gesetz) investierten die Stromkonzerne Milliarden in den Bau von konventionellen Kohle- und Gaskraftwerken. Obwohl Ökostrom in den Netzten heutzutage Vorrang hat, liegt der Anteil des Stroms aus erneuerbaren Quellen bei Deutschlands größten Stromversorgern lediglich bei etwa 6 Prozent. Gemäß Medien und Studien ist der Anteil des Ökostroms seit 2011 bis heute (2014) sogar leicht gesunken.[399] Dieser Trend kann bei den beiden Energieproduzenten des DAX30 auch in dieser Arbeit beobachtet werden, denn in Summe steigen der Einsatz von Primärenergieträgern und die sich daraus ergebenden Emissionen von Schwefeloxiden und Stickoxiden zwischen den Jahren 2010 und 2012 erheblich (hauptsächlich durch RWE).

Auffällig war in vielen der Nachhaltigkeitsberichten, dass ein Anstieg der absoluten Belastungen regelmäßig mit einem Anstieg des Umsatzes gerechtfertigt wurde. Diese Aussagen und die dargestellten Ergebnisse bestätigen leider, dass die von vielen Unternehmen angestrebte Ressourceneffizienzsteigerung (siehe Kapitel 3.6) lediglich eine Seite der Medaille betrachtet, während dem Reboundeffekt und absoluten Ressourcenverbräuchen zu wenig Beachtung zukommt.[400]

Um die Nachhaltigkeitsleistung der Unternehmen vergleichen zu können, müssen die absoluten Ergebnisse jedoch um den Größeneffekt bereinigt werden. Dazu wird, die in Kapitel 4.4 vorgestellte Kennzahl, Ressourcenrentabilität verwendet und die bereinigten Resultate in Tab. 11 präsentiert.[401] Der Faktor zeigt auf, wie viel effizienter oder ineffizienter ein Unternehmen seine Ressourcen als die deutsche Volkswirtschaft einsetzt.

[399] Vgl. Endres (2014); Vgl. Kessler (2014)
[400] Siehe Kapitel 3.6, S. 69 f.
[401] Siehe Kapitel 4.4, S. 84 ff.

Ressourcenrentabilität SVA				
Unternehmen	**Ergebnis 2010**	**Ergebnis 2011**	**Ergebnis 2012**	**Differenz 2010-2012**
Adidas	0,521	0,514	0,565	0,043
Henkel	0,443	0,448	0,511	0,068
Beiersdorf	keine Angaben	0,238	0,494	keine Berechnung
Deutsche Börse	0,385	0,518	0,447	0,062
Siemens	0,102	0,121	0,177	0,075
Daimler	0,049	0,058	0,093	0,044
Merck	-0,217	-0,169	0,033	0,250
Volkswagen	-0,330	-0,137	-0,097	0,234
Deutsche Telekom	0,306	0,326	-0,206	-0,512
Bayer	-0,554	-0,248	-0,218	0,336
BMW	-0,161	-0,002	-0,219	-0,057
SAP	-0,468	-0,143	-0,250	0,218
Deutsche Post	-0,527	-0,545	-0,536	-0,008
BASF	-0,711	-0,662	-0,574	0,137
Linde	-0,702	-0,801	-0,636	0,066
Infineon Technology	keine Angaben	keine Angaben	-0,896	keine Berechnung
ThyssenKrupp	-1,074	-3,686	-1,434	-0,360
K+S	-1,497	-1,440	-1,559	-0,062
LANXESS	-2,110	-1,993	-1,606	0,504
Dt.Lufthansa	-4,649	-6,393	-5,709	-1,060
E.ON	-5,003	-12,176	-11,989	-6,986
HeidelbergCement	-13,017	-16,709	-14,139	-1,122
RWE	-12,129	-14,671	-15,316	-3,188
Continental	-0,207	-0,148	keine Angaben	keine Berechnung
Durchschnitt	**-1,889**	**-2,508**	**-2,307**	**-0,418**
Anzahl	**22**	**23**	**23**	

Tabelle 11: Ressourcenrentabilität SVA der Untersuchungsgruppe mit dem Benchmark der deutschen Volkswirtschaft für die Jahre 2010 - 2012

Bei dem Vergleich der Ressourcenrentabilität fällt auf, dass es einige Veränderungen der Positionen gibt. Am effizientesten ist nach dieser Auswertung Adidas und setzt dabei im Jahr 2012 seine Ressourcen zu einem Faktor von 0,565 besser ein, als die deutsche Volkswirtschaft. Während Siemens das beste Unternehmen nach absoluten Zahlen darstellte, so werden die Ressourcen nach der Größenbereinigung lediglich 0,177 Mal besser als beim Benchmark eingesetzt, womit Siemens auf den fünften Platz abrutscht. Trotzdem ist zunächst jeder positive Wert (über Null) hilfreich zum Erreichen einer nachhaltigeren deutschen Wirtschaft. Es ist positiv hervorzuheben, dass die Hälfte der untersuchten Unternehmen ihren relativen SVA zwischen 2010 und 2012, wie der Differenzspalte zu entnehmen ist, verbessern konnten.

6.2 Plausibilitätsprüfung: Betrachtung der Nachhaltigkeitsbereiche und -indikatoren

Bereits in Kapitel 5.3 wurden die Gründe und Vorteile für das Verwenden mehrerer Indikatoren zur Bewertung der Nachhaltigkeitsleistung beschrieben. Nun sollen diese genutzt werden, um den Sustainable Value Ansatz in seiner ursprünglichen Form auf seine Plausibilität zu prüfen. Zur Vermeidung späterer Redundanzen, wird diese Überprüfung so früh wie möglich und auf Basis der ersten Ergebnisse vorgenommen, bevor weitere und detailliertere Auswertungen folgen.

Die kumulierten Ergebnisse der einzelnen Dimensionen (Ökonomie, Ökologie, Soziales) werden in Tabelle 12 dargestellt.

Die einzelnen Dimensionen der Nachhaltigkeitleistung des SVA (in Mio. €)			
Dimensionen	**Ergebnis 2010**	**Ergebnis 2011**	**Ergebnis 2012**
Ökonomisches Ergebnis	**-317.249**	**-320.199**	**-342.703**
Indikatoren Ökonomie: 3		Differenz 2010-2012:	-25.453
Ökologisches Ergebnis	**-657.739**	**-820.481**	**-858.571**
Indikatoren Ökologie: 8		Differenz 2010-2012:	-200.832
Soziales Ergebnis	**64.161**	**69.875**	**80.614**
Indikatoren Sozial: 5		Differenz 2010-2012:	16.453
Sustainable Value Added (Gesamt)	**-343.133**	**-428.291**	**-448.285**
Indikatoren Gesamt: 16		Differenz 2010-2012:	-105.152

Tabelle 12: Die einzelnen Dimensionen der Nachhaltigkeitsleistung des SVA (in Mio. €)[402]

Bei Betrachtung der Einzelergebnisse war zu erwarten, dass die stärkste Belastung der Unternehmen im ökologischen Bereich wiederzufinden ist. Dabei ist interessant, dass von den 859 Mrd. Euro ökologischen Belastungen, 73% von den beiden Energieerzeugern RWE und E.ON verursacht werden.

Überraschend ist jedoch das schlechte Ergebnis der ökonomischen Dimension, da es sich bei den bewerteten Unternehmen um die größten Unternehmen des deutschen Kapitalmarktes handelt (die Unternehmen des DAX30 repräsentieren mehr als 75 Prozent des inländischen Grundkapitals). Diese sollten jedoch aufgrund ihrer

[402] Wie in Kapitel 4.3.6 (S. 81 ff.) beschrieben besteht der letzte Berechnungsschritt zur Ermittlung des SVA aus der Bildung des arithmetischen Mittels. Aufgrund dieses Vorgehens kann aus den drei Einzelergebnissen der Dimensionen kein Rückschluss auf den kumulierten SVA aller Unternehmen gezogen werden.

Größe, tendenziell eine bessere Kapitalausstattung und Vermögenslage aufweisen, als die restlichen Unternehmen der deutschen Volkswirtschaft und von daher höhere Investitionen tätigen können.[403] Demnach wäre gerade bei den betrachteten Indikatoren dieses Bereichs (Kapitaleinsatz, Forschungs- und Entwicklungsaufwendungen und Investitionen in Sachanlagen) ein besseres Abschneiden der DAX30-Unternehmen zu erwarten gewesen.

Einer einfachen Plausibilitätsprüfung, basierend auf Logik, Glaubwürdigkeit und einfacher Verständlichkeit,[404] konnte das Ergebnis des SVA bisher nicht bestehen. Eine plausible Erklärung der Ergebnisse ist also in einem betriebswirtschaftlichen Zusammenhang zunächst nicht zu erkennen, beziehungsweise das Ergebnis kann im ersten Schritt nicht als plausibel erklärt werden.

An dieser Stelle werden ausgewählte Indikatoren (aus jeder der bewerteten Nachhaltigkeitsdimensionen) genauer betrachtet, um dieser Auffälligkeit auf den Grund zu gehen. Zur besseren Nachvollziehbarkeit wird dazu in Tabelle 13 weiterhin das Beispiel aus Kapitel 4.3 (S. 75 ff.) verwendet und Bezug auf das Jahr 2012 der BASF genommen.

Plausibilitätsprüfung am Beispiel der BASF (2012) - ausgewählte Indikatoren -				
Indikator	**Deutschland**	**BASF**	**Anteil**	**SVA BASF**
Nettowertschöpfung (in €)	2.244.900.000.000	17.725.922.500	0,790%	
FuE-Aufwendungen (in €)	66.600.000.000	1.746.000.000	2,622%	-41.126.861.284
CO_2-Emissionen (in t)	938.873.000	22.594.000	2,407%	-36.297.646.822
Anzahl Auszubildende	551.272	2.809	0,510%	6.287.060.922
* = Auf Benchmarkebene der deutschen Volkswirtschaft wurde das Nettoinlandsprodukt verwendet, auf Unternehmensebene für die BASF die errechnete Nettowertschöpfung.				

Tabelle 13: Plausibilitätsprüfung am Beispiel der BASF (2012)

Zur leichteren Verständlichkeit des Problems wurde in Tabelle 13 die Spalte „Anteil" mitaufgenommen, die jeweils den prozentualen Anteil der Werte der BASF zu denen des Benchmarks anzeigt. Dabei stellt der Anteil der Nettowertschöpfung am Nettoinlandsprodukt aufgrund des Effizienzgedanken eine Hürde dar, die von der BASF

[403] Siehe Kapitel 4.4, S. 84 ff.
[404] Vgl. http://www.duden.de/rechtschreibung/Plausibilitaetspruefung [27.03.2014]

nicht überschritten werden darf, um einen positiven SVA bei diesem Indikator erreichen zu können.[405]

Bei Betrachtung der Tabelle 13 fällt auf, dass bei Anwendung der ursprünglichen SVA-Berechnungsschritte zum Benchmark anteilig höhere FuE-Investitionen zu einer negativen Bewertung führen und anteilig weniger Auszubildende ein positives Ergebnis zur Folge haben. Dies ist darauf zurückzuführen, dass die Bewertung lediglich auf Effizienzüberlegungen basiert, also „weniger ist mehr".

Wie im Beispiel veranschaulicht, entspricht das jedoch nicht zwangsläufig der Nachhaltigkeitslogik und geht deswegen auch nicht immer mit dem ethischen Verständnis einher. Ein extremes Beispiel dafür bietet die Adidas Gruppe, die im Jahr 2012 bei insgesamt 46.306 Mitarbeitern, in Deutschland lediglich 56 Auszubildende beschäftigt hatte. Mit der SVA-Formel würde Adidas in der deutschen Volkswirtschaft damit einen positiven nachhaltigen Beitrag von 2.278.966.948 € leisten, was mit dem effizienten Einsatz weniger Auszubildender begründet würde.

Um bei diesem Beispiel zu bleiben, bildet jedoch gerade die duale Berufsausbildung in der deutschen Sozialpolitik eine wichtige Säule für soziale Belange und die Zukunftsfähigkeit Deutschlands als Wissensstandort.[406] Demnach wäre bei diesem Beispiel nicht das Effizienzprinzip ("weniger ist mehr"), sondern eher eine zukunftsorientierte, moralisch begründete und auf einfacher Logik aufbauende Bewertung angebracht. In diesem Fall nach dem Prinzip „mehr ist mehr". Dies entspricht der Absicht, die Nachhaltigkeitsleistung deutscher Unternehmen anhand des Vergleichs mit einem gesellschaftlichen Benchmark zu bewerten. Ähnlich verhält es sich mit Investitionen in FuE oder Sachanlagen. In der aktuellen Berechnungslogik sind hohe Investitionen negativ zu bewerten, allerdings sind in diesem Beispiel gerade diese Investitionen wichtig, um die Zukunftsfähigkeit von Unternehmen zu sichern oder zu verbessern.

Dabei wird an dieser Stelle nicht argumentiert, es wäre generell schlecht nur wenige Auszubildende einzustellen und dadurch effizienter zu arbeiten, sondern es soll viel-

---

[405] Siehe auch ‚hurdle rate' in Kapitel 4.3.3, S. 79

[406] Eine ausführlichere Beschreibung ist in Anhang A wiederzufinden, der auf der Verlagshomepage (www.eul-verlag.de/pdf-wz/9783844103663_Anhang.pdf) hinterlegt ist.

mehr aufgezeigt werden, dass eine Bewertung der Nachhaltigkeitsleistung nicht bei allen Indikatoren mithilfe des Effizienzansatzes sinnvoll ist. Aus diesem Grund wird nun keine weitere Bewertung der in Kapitel 6.1 vorgestellten Ergebnisse vorgenommen. Entscheidend an diesem Beispiel ist jedoch, dass eine Unregelmäßigkeit in der Bewertung der Nachhaltigkeitsleistung erkannt wurde und nun korrigiert wird.

Es wurde festgestellt, dass nicht alle Indikatoren der gleichen Bewertungslogik folgen. Deswegen müssen zunächst alle 16 Indikatoren auf die Anwendung der richtigen Logik überprüft werden. Dazu wird die einfache Frage gestellt: „Ist es bei diesem Indikator besser einen höheren, oder einen niedrigeren Ressourceneinsatz zu haben?" In Tabelle 14 wird daher jeder Indikator überprüft und einer auf der Nachhaltigkeitslogik beruhenden Bewertung unterzogen. Die Indikatoren, auf die das soeben beschriebene Bewertungsproblem zutrifft, sind grau hervorgehoben. Eine jeweilige Begründung der Bewertungslogik ist in Anhang A zu finden, der auf der Verlagshomepage (www.eul-verlag.de/pdf-wz/9783844103663_Anhang.pdf) hinterlegt ist.

Indikator	**Bewertungslogik**
Kapitaleinsatz	Weniger ist mehr
Forschungs- und Entwicklungsaufwendungen	Mehr ist mehr
Investitionen in Sachanlagen	Mehr ist mehr
CO_2-Emissionen	Weniger ist mehr
Wassereinsatz	Weniger ist mehr
Primärenergieeinsatz	Weniger ist mehr
Abfallgesamtaufkommen	Weniger ist mehr
Staub-Emissionen	Weniger ist mehr
NO_x-Emissionen	Weniger ist mehr
VOC-Emissionen	Weniger ist mehr
SO_x-Emissionen	Weniger ist mehr
Arbeitsplätze	Weniger ist mehr
Auszubildende	Mehr ist mehr
Schwerbehinderte Arbeitnehmer	Mehr ist mehr
Arbeitsunfälle	Weniger ist mehr
Spenden / Sponsoring	Mehr ist mehr

Tabelle 14: Berücksichtige Nachhaltigkeitsindikatoren zur Ermittlung des SVA

6.3 Anpassung der Berechnungsschritte

Da es sich weiterhin um den Vergleich eines Unternehmens mit einem gesellschaftlichen Benchmark handelt, ändern sich die ersten vier Schritte der Berechnung der Nachhaltigkeitsleistung nicht.[407] Das Vorgehen für die fünf identifizierten Indikatoren (Tabelle 14) muss erst modifiziert werden, wenn der Ertrag, den ein Unternehmen mit einer bestimmten Ressourcenmenge erzielt hat, mit dem Ertrag verglichen wird, den ein gesellschaftlicher Benchmark mit derselben Ressourcenmenge erzielt hätte. Dazu wird der fünfte Berechnungsschritt der inhaltlich veränderten Argumentation angepasst. Für die fünf Indikatoren zählt nun nicht mehr:

„***Weniger*** *Ressourceneinsatz* ***ist*** *auf Basis der Nachhaltigkeitslogik* ***besser***“,

sondern:

„***Mehr*** *Ressourceneinsatz* ***ist*** *auf Basis der Nachhaltigkeitslogik* ***besser.***“

Bisher wurde in Berechnungsschritt fünf zum Vergleich der Nachhaltigkeitsleistung der Ertrag des Benchmarks vom Ertrag des Unternehmens subtrahiert. Um der neuen inhaltlichen Aussage gerecht zu werden, wird dieser Berechnungsschritt modifiziert. Dazu wird für die identifizierten Indikatoren lediglich der Minuend mit dem Subtrahend getauscht, womit die Wertschöpfung des Unternehmens nun vom Ertrag des Benchmarks subtrahiert wird. Hierdurch wird der Wert der Differenz umgekehrt und entspricht der inhaltlichen Argumentation von „mehr ist mehr“. Rein rechnerisch gesehen, muss demnach in diesem Schritt der erzielte Ertrag des Unternehmens kleiner, als der kalkulierte Ertrag des Benchmarks sein, damit das Unternehmen einen positiven SVA erzielen kann, der einen positiven gesellschaftlichen Beitrag im Vergleich mit dem Benchmark darstellt. Die Logik dessen beruht auf der Effizienzberechnung und kann deshalb bei Betrachtung des dritten Schritts (Kapitel 4.3.3, S. 79) nachvollziehbar erklärt werden.[408] Betrachtet man das Beispiel aus dem vorheri-

[407] Siehe Schritt 5, Kapitel 4.3.5, S. 81

[408] Bei der Effizienzberechnung wird der Ertragswert durch die eingesetzten Ressourcen geteilt. Das Ergebnis zeigt, wie viel Ertrag mit dem Einsatz einer bestimmten Ressourcenmenge erzielt wurde. Effizienter ist also derjenige, der anteilsmäßig (am Ertrag gemessen) weniger Ressourcen einsetzt. Das entspricht der Aussage: „weniger ist mehr“. Im Umkehrschluss führt ein Einsatz von mehr Ressourcen also zu einem niedrigeren Effizienzwert, da eine höhere Ressourcenmenge mit dem Ertrag verrechnet wird. Demnach ist zur Bewertung einer „mehr ist mehr“-Argumentation ein niedriger Effizienzwert erstrebenswert, da dazu ein anteilsmäßig höherer Einsatz von Ressourcen nötig ist. Um dieses Verhältnis bei der Berechnung des modifizierten SVA richtig zu berücksichtigen, wird deshalb (bei den identifizierten Indikatoren) die Wertschöpfung des Unternehmens von dem errechneten Ertrag des Benchmarks abgezogen.

gen Kapitel nun von neuem, so leistet Adidas mit 56 Auszubildenden nach dieser Bewertung keinen positiven gesellschaftlichen Beitrag von 2.278.966.948 €, sondern einen negativen Beitrag von -2.278.966.948 €, da aus sozialer Sicht im Vergleich zum Benchmark zu wenige junge Menschen ausgebildet werden.

Die typische Effizienzberechnung wurde somit, analog zur inhaltlichen Aussage „mehr ist mehr" verändert und kann nun bei der Berechnung des modifizierten Sustainable Value Added (mSVA) angewandt werden. Abbildung 10 stellt die neuen Berechnungsschritte zur Ermittlung des mSVA grafisch dar.

Für den Fall „mehr ist mehr" wurden die Positionen Benchmark und Unternehmen zur besseren Darstellung der Subtraktion bei Schritt fünf vertauscht. Alle anderen Berechnungsschritte bleiben, im Vergleich zu Kapitel 4.3, unverändert.[409] Die Summe wird im sechsten und letzten Schritt ebenfalls wie in der ursprünglichen Berechnung ermittelt, da die unterschiedliche Bewertung der Indikatoren bereits in Punkt fünf berücksichtigt wird. Um die differenzierte Bewertung der einzelnen Indikatoren ersichtlich zu machen, wird an dieser Stelle die neue Ergebniskennzahl **mSVA (modifizierter SVA)** eingeführt.

Mithilfe des mSVA kann die Nachhaltigkeitsleistung von Unternehmen logischer, plausibler und nachvollziehbarer bewertet werden. Außerdem ermöglicht dies, ein breiteres Spektrum von Nachhaltigkeitsindikatoren miteinzubeziehen und beschränkt diese nicht mehr auf „weniger ist mehr"-Beziehungen. Vor allem in den Bereichen Ökonomie und Soziales können durch diese Erweiterung mehr Indikatoren einbezogen sowie eine vollständigere Bewertung der Unternehmen vorgenommen werden. Dies führt dazu, dass mehr Bereiche der Nachhaltigkeit besser abgedeckt werden und Unternehmen schwerer argumentieren können, aufgrund von willkürlich gewählten Umweltindikatoren negative Bewertungsergebnisse erzielt zu haben. Auch die neu geschaffene Möglichkeit, die verschiedenen Dimensionen der Nachhaltigkeit einzeln sowie aggregiert bewerten zu können, sollte zu einer besseren Diskussion beitragen.

[409] Siehe Kapitel 4.3, S. 75 ff.

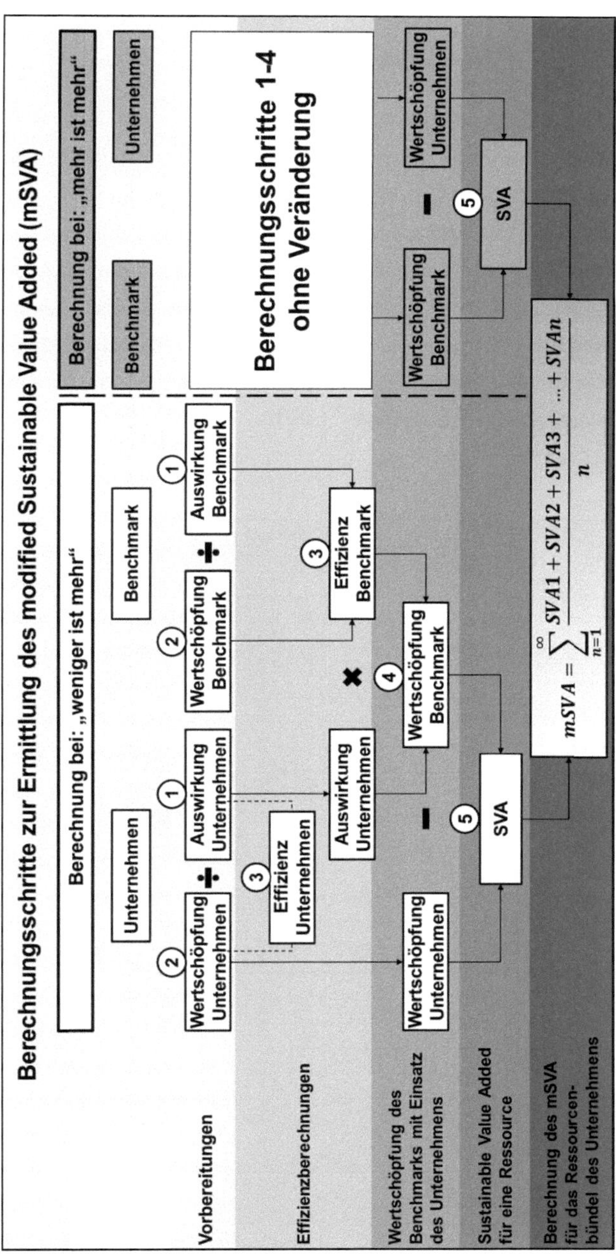

Abbildung 10: Ermittlung des modified Sustainable Value Added (mSVA)
Quelle: Eigene Darstellung

6.4 Ergebnisse des mSVA

Beim Vergleich der vorgestellten Ergebnisse aus Kapitel 6.1 (Tab. 10, S. 94) und Tabelle 15 fällt auf, dass einige Unternehmen besser positioniert sind als noch nach Bewertung mit dem ursprünglichen Vorgehen zur Ermittlung des SVA. Dies wird vor allem in der Summenzeile deutlich, die im Jahr 2012 einen negativen mSVA von „lediglich" -305,8 Mrd. € aufweist. Die Verbesserung ist darauf zurückzuführen, dass einige der Indikatoren, die große Unternehmen begünstigen (z.B. FuE-Aufwand, Investitionen in Sachanlagen), nach einer falschen Logik berechnet wurden. Somit war eine bessere Bewertung der Unternehmensergebnisse bereits abzusehen. Dennoch ist in der Summe weiterhin ein starker Negativtrend zu erkennen, da auch beim mSVA eine Verschlechterung zwischen 2010 und 2012 von -97,965 Mrd. Euro festzustellen ist.

Absoluter modifizierter Sustainable Value Added (in Mio. €)				
Unternehmen	**Ergebnis 2010**	**Ergebnis 2011**	**Ergebnis 2012**	**Differenz 2010-2012**
Volkswagen	25.700	29.624	30.481	4.781
Daimler	20.592	22.373	22.851	2.259
Siemens	17.801	18.672	19.875	2.074
BMW	9.430	12.043	13.886	4.456
SAP	9.240	10.339	11.363	2.123
Bayer	7.828	8.276	8.770	942
Deutsche Telekom	7.385	7.022	4.791	-2.594
Merck	4.066	4.271	4.533	467
Henkel	2.087	2.182	2.442	355
Infineon Technology	keine Angaben	keine Angaben	2.408	keine Berechnung
Beiersdorf	keine Angaben	1.037	1.190	keine Berechnung
Adidas	770	860	1.096	326
Deutsche Börse	511	402	580	69
K+S	-2.778	-3.083	-2.956	-178
LANXESS	-3.302	-3.573	-3.144	157
Linde	-3.458	-4.310	-3.770	-313
Deutsche Post	-4.693	-5.165	-5.232	-539
BASF	-7.610	-8.046	-6.231	1.379
ThyssenKrupp	-8.579	-12.760	-9.902	-1.323
Dt.Lufthansa	-35.967	-46.218	-47.504	-11.537
HeidelbergCement	-42.126	-54.503	-47.548	-5.421
E.ON	-72.551	-133.552	-141.077	-68.526
RWE	-139.229	-144.199	-162.716	-23.487
Continental	7.034	7.666	keine Angaben	keine Berechnung
Summe	**-207.847**	**-290.639**	**-305.811**	**-97.965**
Durchschnitt	**-9.448**	**-12.636**	**-13.296**	**-3.849**
Anzahl	**22**	**23**	**23**	

Tabelle 15: Absoluter mSVA der Untersuchungsgruppe mit dem Benchmark der deutschen Volkswirtschaft für die Jahre 2010 – 2012

Die einzelnen Berechnungen und Berechnungsschritte für den mSVA und jedes Unternehmen können Anhang D entnommen werden, der auf der Verlagshomepage (www.eul-verlag.de/pdf-wz/9783844103663_Anhang.pdf) hinterlegt ist.

Es ist eine deutliche Tendenz zu erkennen, dass Unternehmen mit größerer Nettowertschöpfung die Extreme abbilden und am Anfang bzw. Ende der Tabelle stehen. Dies ist hauptsächlich auf die ökonomischen Indikatoren zurückzuführen, die nun korrekt abgebildet werden und wird bei Betrachtung der einzelnen Dimensionen in Tabelle 16 sehr deutlich. Dabei erzielte die Untersuchungsgruppe bei der bisherigen Bewertungsmethode des SVA in der ökonomischen Dimension einen negativen Wert von -343 Mrd. €. Nach der differenzierten Bewertungsmethode des mSVA schaffen die bewerteten Unternehmen allerdings einen positiven Wert. Dies entspricht auch der Nachhaltigkeitslogik, da anteilsmäßig tatsächlich höhere Investitionen in Know-how oder Sachanlagen getätigt wurden als beim Benchmark der deutschen Volkswirtschaft. Solche Investitionen tragen zur besseren Zukunftsfähigkeit eines Unternehmens bei und werden nun auch entsprechend beurteilt. Ein positiver mSVA in der ökonomischen Dimension steigert die Wahrscheinlichkeit, dass Arbeitsplätze in einem Unternehmen langfristig gesichert werden können.

Zusätzlich erhöht das positive Ergebnis in dieser Dimension die Plausibilität der Analyse, nachdem zuvor argumentiert wurde, dass große Unternehmen dazu tendieren, eine bessere Kapitalausstattung als kleinere zu haben.[410]

Die einzelnen Dimensionen der Nachhaltigkeitleistung des mSVA (in Mio. €)			
Dimensionen	**Ergebnis 2010**	**Ergebnis 2011**	**Ergebnis 2012**
Ökonomisches Ergebnis	**260.237**	**261.478**	**276.148**
Indikatoren Ökonomie: 3		Differenz 2010-2012:	15.911
Ökologisches Ergebnis	**-657.739**	**-820.481**	**-858.571**
Indikatoren Ökologie: 8		Differenz 2010-2012:	-200.832
Soziales Ergebnis	**60.988**	**69.159**	**60.838**
Indikatoren Sozial: 5		Differenz 2010-2012:	-150
Sustainable Value Added (Gesamt)	**-207.847**	**-290.639**	**-305.811**
Indikatoren Gesamt: 16		Differenz 2010-2012:	-97.965

Tabelle 16: Die einzelnen Dimensionen der Nachhaltigkeitsleistung des SVA (in Mio. €)

[410] Siehe Kapitel 4.4, S. 84 ff.

Neben der Korrektur des ökonomischen Ergebnisses fällt außerdem auf, dass der soziale Bereich eher stagnierte und nicht, wie bei der ursprünglichen Bewertung des SVA, eine deutliche Verbesserung aufweist. Allerdings wurden drei Indikatoren dieses Bereiches (Anzahl der Auszubildenden, Anzahl der schwerbehinderten Arbeitnehmer und Spenden/Sponsoring) in Bezug auf die Bewertung der Nachhaltigkeitslogik angepasst. Auffällig in der sozialen Dimension ist jedoch der positive Wert für 2011. Dieser ist allerdings ausschließlich auf den Volkswagen-Konzern zurückzuführen, der im Jahr 2011 30% des sozialen Bereichs ausmachte und von Zukäufen getrieben wurde. So wurden 2011 im Vergleich zu 2010 über 100.000 mehr Mitarbeiter und 50% mehr Auszubildende, bei gleichbleibenden Arbeitsunfällen berichtet.

Die einzige unveränderte Dimension ist die ökologische, was darauf zurückzuführen ist, dass dort keine „mehr ist mehr"-Indikatoren enthalten sind. Somit schlägt sich richtigerweise weiterhin die hohe Ressourcenintensität der traditionellen Energieerzeugung durch Einsatz von Primärenergieträgern nieder. Der Mehreinsatz fossiler Energieträger ist, wie bereits erwähnt, nicht nur auf die größere produzierte Strommenge zurückzuführen, sondern auch auf schlechten Investitionen und Geschäftsmodelle der Stromerzeuger. Diese führten dazu, dass 2013 sogar anteilsmäßig weniger Strom aus erneuerbaren Energiequellen erzeugt wurde als noch 2011.[411]

Eine Größenbereinigung des mSVA wird in Tabelle 17 wieder anhand der Ressourcenrentabilität vorgenommen. Dabei fällt nicht nur auf, dass lediglich die besten zwei Unternehmen durch effizienten Einsatz des bewerteten Ressourcenbündels mehr gesellschaftlichen Wert (mSVA) als Nettowertschöpfung schaffen, sondern an der Wertschöpfung gemessen eher zu den kleineren und mittelgroßen Unternehmen der Untersuchungsgruppe gehören. Volkswagen, das Unternehmen mit dem höchsten absoluten Beitrag, rutscht bei der größenbereinigten Bewertung um sechs Plätze auf den siebten Rang ab. Auffällig ist außerdem, dass nach Bereinigung des Größeneffekts die Energieversorger nicht mehr alleine am Ende der Tabelle stehen, sondern HeidelbergCement eine ähnlich schlechte Nachhaltigkeitsleistung aufweist. Dies zeigt, wie wichtig die Bereinigung um den Größeneffekt ist, da erst bei Vorlage eines vergleichbaren Ergebnisses eine sinnvolle Bewertung möglich ist. Gleichzeitig soll dies jedoch nicht bedeuten, dass die schlechten Ergebnisse der Stromerzeuger

[411] Siehe Kapitel 6.1, S. 93 ff.

dadurch besser sind. Denn im Jahr 2012 werden dort die untersuchten Ressourcen gemäß der Ressourcenrentabilität, über zehn Mal schlechter eingesetzt, als in der deutschen Volkswirtschaft in ihrer Gesamtheit.

Ressourcenrentabilität mSVA				
Unternehmen	**Ergebnis 2010**	**Ergebnis 2011**	**Ergebnis 2012**	**Differenz 2010-2012**
Infineon Technology	keine Angaben	keine Angaben	1,390	keine Berechnung
SAP	1,233	1,001	1,043	-0,190
Merck	1,103	1,093	0,972	-0,131
BMW	0,789	0,764	0,918	0,129
Daimler	0,871	0,857	0,862	-0,009
Siemens	0,838	0,832	0,813	-0,025
Volkswagen	0,983	0,844	0,744	-0,240
Beiersdorf	keine Angaben	0,756	0,742	keine Berechnung
Bayer	0,741	0,661	0,687	-0,054
Henkel	0,496	0,509	0,504	0,009
Deutsche Telekom	0,359	0,346	0,444	0,086
Deutsche Börse	0,495	0,324	0,419	-0,076
Adidas	0,319	0,331	0,358	0,040
Deutsche Post	-0,260	-0,274	-0,263	-0,003
BASF	-0,484	-0,478	-0,352	0,133
Linde	-0,845	-0,977	-0,765	0,080
ThyssenKrupp	-0,815	-2,781	-1,161	-0,346
LANXESS	-1,931	-1,820	-1,471	0,461
K+S	-1,674	-1,649	-1,649	0,024
Dt.Lufthansa	-4,547	-6,288	-5,690	-1,143
E.ON	-5,033	-12,137	-11,971	-6,938
HeidelbergCement	-12,453	-16,045	-13,478	-1,025
RWE	-12,054	-14,506	-15,272	-3,218
Continental	0,918	0,874	keine Angaben	keine Berechnung
Durchschnitt	**-1,407**	**-2,077**	**-1,834**	**-0,427**
Anzahl	**22**	**23**	**23**	

Tabelle 17: Ressourcenrentabilität mSVA der Untersuchungsgruppe mit dem Benchmark der deutschen Volkswirtschaft für die Jahre 2010 - 2012

Außerdem ist negativ hervorzuheben, dass 13 der 21 Unternehmen, für die eine Veränderung zwischen 2010 und 2012 berechnet werden konnte, eine Verschlechterung des mSVA aufweisen. Das bedeutet, dass mehr als die Hälfte der bewerteten Unternehmen 2012 mehr Kosten an die deutsche Volkswirtschaft externalisierten als noch 2010. Dieser Negativtrend ist folgerichtig auch in der Summe der Untersuchungsgruppe wiederzufinden. Demnach externalisieren die untersuchten Unternehmen, auf ihren Beitrag zum Nettoinlandsprodukt bezogen, Kosten in Höhe des Faktors -1,83 an die restliche deutsche Volkswirtschaft, die von anderen wieder ausgeglichen werden müssen. Würden alle Unternehmen der deutschen Volkswirtschaft die gleiche Effizienz der Untersuchungsgruppe aufweisen, so wäre die deutsche Volkswirtschaft um diesen Faktor weniger nachhaltig.[412]

mSVA gemessen am DAX30-Benchmark

Der DAX30-Benchmark wurde aus den kumulierten Daten aller bewerteten Unternehmen gebildet und stellt mithilfe des arithmetischen Mittels die Untersuchungsgruppe repräsentativ als DAX30-Durchschnittsunternehmen dar.[413] Dadurch können im Folgenden die einzelnen Unternehmen darauf hin bewertet werden, wie effizient sie ihre Ressourcen im Vergleich zum Durchschnitt der Untersuchungsgruppe einsetzen und es wird ein Vergleich innerhalb dieser Gruppe ermöglicht.

Ressourcen	Ergebnis 2010	Ergebnis 2011	Ergebnis 2012	Anteil Ressourcen 2012 zur dt. Volkswirtschaft
Nettowertschöpfung	**10.437.672.270 €**	**10.648.513.241 €**	**10.795.670.510 €**	**0,481%**
Kapitaleinsatz	-4.105.638.869 €	-4.055.232.264 €	-4.606.382.396 €	0,686%
FuE-Aufwendungen	39.631.363.155 €	38.967.343.591 €	40.583.306.148 €	2,289%
Investitionen in Sachanlagen	1.069.192.814 €	177.071.475 €	1.023.074.131 €	0,526%
CO_2-Emissionen	-53.075.595.708 €	-54.967.696.382 €	-54.237.338.772 €	2,897%
Wassereinsatz	-40.594.141.368 €	-83.719.695.653 €	-83.255.999.254 €	4,190%
Primärenergieeinsatz	-14.891.311.975 €	-15.642.149.296 €	-16.908.750.103 €	1,234%
Abfall Gesamtaufkommen	1.041.916.103 €	1.000.412.050 €	263.109.067 €	0,469%
Staub-Emissionen	-18.415.245.193 €	-25.383.859.141 €	-24.221.298.201 €	1,560%
NO_x-Emissionen	-42.146.761.191 €	-44.381.175.047 €	-49.361.217.369 €	2,680%
VOC-Emissionen	1.288.587.889 €	-673.607.037 €	-1.720.724.346 €	0,558%
SO_x-Emission	-49.207.030.573 €	-55.072.141.224 €	-71.457.644.712 €	3,664%
Anzahl der Arbeitsplätze	3.398.716.655 €	3.396.980.565 €	3.661.049.816 €	0,318%
Anzahl der Auszubildenden	1.223.598.591 €	1.629.178.519 €	2.683.641.880 €	0,600%
Schwerbehinderte Arbeitnehmer	3.574.770.137 €	2.812.190.998 €	452.718.916 €	0,501%
Arbeitsunfälle	7.631.542.036 €	8.055.322.653 €	8.289.711.332 €	0,112%
Spenden/Sponsoring	-6.247.005.497 €	-6.120.566.201 €	-6.060.828.538 €	0,211%
Summe (16 Indikatoren)	-169.823.042.995 €	-233.977.622.396 €	-254.873.572.402 €	
mSVA	**-10.613.940.187 €**	**-14.623.601.400 €**	**-15.929.598.275 €**	
Ressourcenrentabilität	**-1,017**	**-1,373**	**-1,476**	
Ergebnis Ökonomie	12.198.305.700 €	11.696.394.267 €	12.333.332.628 €	
Ergebnis Ökologie	-26.999.947.752 €	-34.854.988.966 €	-37.612.482.961 €	
Ergebnis Sozial	1.916.324.384 €	1.954.621.307 €	1.805.258.681 €	

Tabelle 18: Vergleich des DAX30-Benchmark mit dem Benchmark der deutschen Volkswirtschaft für die Jahre 2010 - 2012[414]

Zunächst wird der Benchmark als ein fiktives Unternehmen mit der deutschen Volkswirtschaft in Tabelle 18 verglichen, umso die folgenden Ergebnisse besser einordnen

[412] Externalisierte Folgen i.S. der Unternehmensethik. Vgl. Kapitel 2.2.1, Ulrich, S. 11 f.
[413] Zur Bildung des Benchmarks siehe Kapitel 5.2, S. 88
[414] Das Einzelergebnis für den DAX30-Benchmark ist in Anhang D aufgeführt, der auf der Verlagshomepage (www.eul-verlag.de/pdf-wz/9783844103663_Anhang.pdf) hinterlegt ist.

zu können. Da der Benchmark den Durchschnitt der untersuchten DAX30-Unternehmen darstellt, sind folglich dessen mSVA-Ergebnis und Ressourcenrentabilität negativ. Dies ist bei Betrachtung der bisherigen mSVA-Ergebnisse zwar die logische Schlussfolgerung, allerdings bei der Interpretation des Vergleichs mit diesem Benchmark zu berücksichtigen, da dieser somit auch eine viel niedrigere Vergleichsbasis aufweist.

Es ist zu erkennen, dass alle zuvor beschriebenen Trends und Ergebnisse auch in Tabelle 18 wiederzufinden sind. Dies dient an dieser Stelle zur Plausibilitätsprüfung und Kontrolle. Außerdem sollte bei der Interpretation des Vergleichs mit dem DAX30-Benchmark bedacht werden, dass dieser nicht nur eine niedrigere Vergleichsbasis aufweist, sondern auch den negativen Trend der Ergebnisse widerspiegelt.

Da es sich beim DAX30-Benchmark lediglich um einen fiktiven Vergleichsbenchmark handelt und keine Kosten – wie im Falle eines gesellschaftlichen Benchmarks – an eine Volkswirtschaft externalisiert werden, kann man an dieser Stelle die absoluten mSVA-Ergebnisse außer Acht lassen und direkt zur Analyse der Ressourcenrentabilität übergehen.

Auch aus Gründen der Fokussierung genügt hier der Vergleich des größenbereinigten Ergebnisses, wobei veranschaulicht wird, wie effektiv ein Unternehmen im Vergleich zum Durchschnitt der Untersuchungsgruppe mit seinen Ressourcen umging (Tabelle 19).[415]

[415] Die Einzelergebnisse für den mSVA sind in Anhang D aufgeführt, der auf der Verlagshomepage (www.eul-verlag.de/pdf-wz/9783844103663_Anhang.pdf) hinterlegt ist.

Ressourcenrentabilität mSVA zum DAX30-Benchmark				
Unternehmen	**Ergebnis 2010**	**Ergebnis 2011**	**Ergebnis 2012**	**Differenz 2010-2012**
Infineon Technology	keine Angaben	keine Angaben	0,679	keine Berechnung
Bayer	0,502	0,514	0,528	0,026
Merck	0,485	0,504	0,505	0,020
Daimler	0,463	0,458	0,461	-0,002
Henkel	0,400	0,436	0,447	0,047
BMW	0,324	0,349	0,439	0,115
Beiersdorf	keine Angaben	0,383	0,433	keine Berechnung
Volkswagen	0,455	0,484	0,430	-0,025
Siemens	0,387	0,392	0,374	-0,013
Deutsche Telekom	0,317	0,316	0,362	0,046
SAP	0,372	0,350	0,343	-0,029
BASF	0,252	0,305	0,341	0,089
Deutsche Boerse	0,344	0,188	0,201	-0,143
Adidas	0,059	0,077	0,120	0,061
K+S	-0,034	-0,002	0,051	0,085
Deutsche Post	-0,041	0,045	0,048	0,089
Linde	0,002	-0,023	0,041	0,039
ThyssenKrupp	0,129	-0,529	0,021	-0,107
LANXESS	-0,719	-0,457	-0,317	0,402
Dt.Lufthansa	-0,655	-0,879	-0,737	-0,082
E.ON	-0,916	-1,851	-1,686	-0,770
RWE	-2,431	-2,501	-2,601	-0,170
HeidelbergCement	-2,883	-3,365	-2,629	0,253
Continental	0,362	0,367	keine Angaben	keine Berechnung
Durchschnitt	**-0,129**	**-0,193**	**-0,093**	**0,035**
Anzahl	**22**	**23**	**23**	

Tabelle 19: Ressourcenrentabilität mSVA der Untersuchungsgruppe mit dem DAX30-Benchmark als Durchschnittsunternehmen für die Jahre 2010 - 2012

Bei dem Vergleich der Unternehmen der Untersuchungsgruppe mit dem DAX30-Benchmark ist zu erkennen, dass sich die Grenze der Unternehmen mit einem negativen mSVA deutlich nach unten verschoben hat. Allerdings war das, wie bereits beschrieben, zu erwarten und ist dem DAX30-Durchschnittsbenchmark geschuldet, der in seinen Werten bereits das schlechte Abschneiden der DAX30-Unternehmen zur deutschen Volkswirtschaft widerspiegelt. Auffällig ist, dass in 2012 über die komplette Auswertungstabelle verteilt immer noch neun Unternehmen eine schlechtere Ressourcenrentabilität im Vergleich zu 2010 aufweisen, obwohl auch der negative Trend bereits in diesem Benchmark enthalten ist. Insgesamt konnte die durchschnittliche Ressourcenrentabilität der Unternehmen im Vergleich mit dem DAX30-Benchmark von 2010 bis 2012 trotzdem verbessert werden, befindet sich allerdings weiterhin im Minusbereich. Betrachtet man jedoch zusätzlich das Ergebnis für das Jahr 2011, so wird klar, dass es schwer ist, einen klaren Trend auszumachen. Somit kann man für die Jahre 2010 und 2012 lediglich den Trend herausdeuten, dass die Nachhaltigkeitsleistung zwar schlechter wurde, jedoch nicht ganz so stark, wie noch zum Stand des Jahres 2010.

Dies liegt hautsächlich an der tatsächlichen Effizienzverbesserung mancher Unternehmen, die jedoch durch effizientere Produktion wiederum mehr Produkte absetzten und absolute Ressourcenverbräuche trotzdem steigen ließen. Dieses Ergebnis entspricht also anderen Studien, die bereits zu den Gefahren des Ökoeffizienzansatzes durchgeführt wurden und als dessen Folge einen Anstieg des absoluten Ressourcenverbrauchs erkennen.[416]

6.5 Interpretation und Diskussion der Ergebnisse

Zunächst konzentriert sich diese Arbeit zur Interpretation der Ergebnisse auf die Ressourcenrentabilität, um aussagekräftige Vergleiche zwischen den bewerteten Unternehmen auf einer größenbereinigten Basis durchführen zu können.
Die Ergebnisse für 2012 werden zunächst grafisch in einer Kreuztabelle dargestellt (Abbildung 11, S. 113), umso die Ressourcenrentabilität des DAX30-Benchmarks mit den Befunden der deutschen Volkswirtschaft zusammenzuführen. Darin wird gezeigt, welche Unternehmen nicht nur im Vergleich zur Untersuchungsgruppe mit ihren Ressourcen effizient umgehen, sondern gleichzeitig auch, ob sie diese effizienter als die gesamte deutsche Volkswirtschaft einsetzen.

Auffällig ist dabei, dass nur wenige Branchencluster zu finden sind. Lediglich bei der Automobilbranche und den Energieproduzenten ist eine Art Cluster zu erkennen. Diese beiden Cluster wurden jeweils mit einer schwarzen Markierung versehen, wobei sich jeweils alle DAX30-zugehörigen Branchenvertreter innerhalb dieser befinden. Allerdings ist die Markierung für RWE und E.ON flächenmäßig deutlich größer als die der Automobilbranche. Dabei sind bei Betrachtung des Kreuzdiagramms in Originalgröße (links) vor allem die schlechtesten Konzerne aufgrund ihrer großen Abstände herausstechend. Somit werden in Abb. 11 die bereits vorgestellten numerischen Differenzen auch optisch sehr klar. Durch die nötige Skalierung zur Darstellung aller, können die Positionen der meisten Unternehmen sogar erst im ver-

[416] siehe Kapitel 3.6: Reboundeffekt, S. 69 f.

größerten Ausschnitt erkannt werden. Dies zeigt, welchen starken negativen Einfluss die Unternehmen RWE, E.ON, HeidelbergCement und Lufthansa auf das Ergebnis der gesamten Untersuchungsgruppe des DAX30 haben. Insgesamt erreichen sieben der 24 Unternehmen eine Ressourcenrentabilität von kleiner minus eins. Das bedeutet, dass ca. 30% der bewerteten Unternehmen mehr Kosten an die deutsche Volkswirtschaft externalisieren, als deren Beitrag zum NIP beträgt. Die restlichen Unternehmen befinden sich größtenteils recht nah um den Nullpunkt verteilt. Um von großen Förderern einer nachhaltigen Wirtschaft sprechen zu können, befinden diese sich jedoch zu nah am Nullpunkt. In diesem Zusammenhang sollte ebenfalls erwähnt werden, dass das beste Unternehmen (Infineon) lediglich für das Jahr 2012 verwertbare Daten für diese Analyse berichtete und außerdem nur 8 von 16 Indikatoren erfüllte.

Anhand der Grafik ist zu erkennen, dass es zwar einige Konzerne gibt, die einen positiven mSVA erzielen konnten, diese sich aber viel näher am Nullpunkt befinden als Unternehmen mit negativem mSVA. Dieses Übergewicht der negativen mSVAs schlägt sich deshalb auf das Gesamtergebnis der Untersuchungsgruppe nieder. Als ein Benchmark, der aus dem Durchschnitt der gesammelten Daten generiert wird, bildet der DAX30-Benchmark diese extremen Verwerfungen ebenfalls ab.

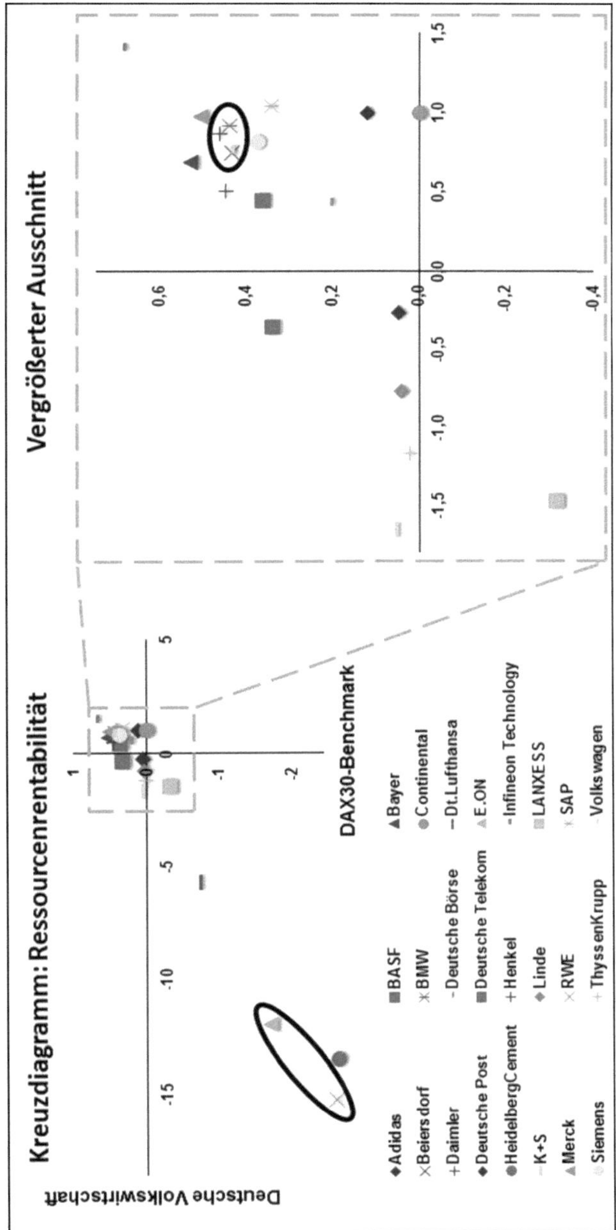

Abbildung 11: Kreuzdiagramm zum Vergleich der Ressourcenrentabilität (mSVA) des DAX30-Benchmark und der deutschen Volkswirtschaft im Jahr 2012

Die Ressourcenrentabilität für die verschiedenen Benchmarks in Abbildung 12 wird über die gesamten drei Jahre dargestellt. Dadurch ist es möglich, die Entwicklung über den gesamten Beobachtungszeitraum aufzuzeigen. Zusätzlich wird der DAX30-Benchmark (also der Durchschnitt der Untersuchungsgruppe) ohne die Energieproduzenten E.ON und RWE abgebildet. Dieser soll aufzuzeigen, dass die schlechten Ergebnisse der Untersuchungsgruppe nicht nur den Energieproduzenten geschuldet sind. Denn auch ohne diese hätten die restlichen 22 Unternehmen im Durchschnitt eine negative Ressourcenrentabilität vorzuweisen. So hätten die analysierten Unternehmen in der Summe auch ohne RWE und E.ON für das Jahr 2012 einen schlechteren mSVA von 6 Mrd. Euro erreicht, als noch 2010.

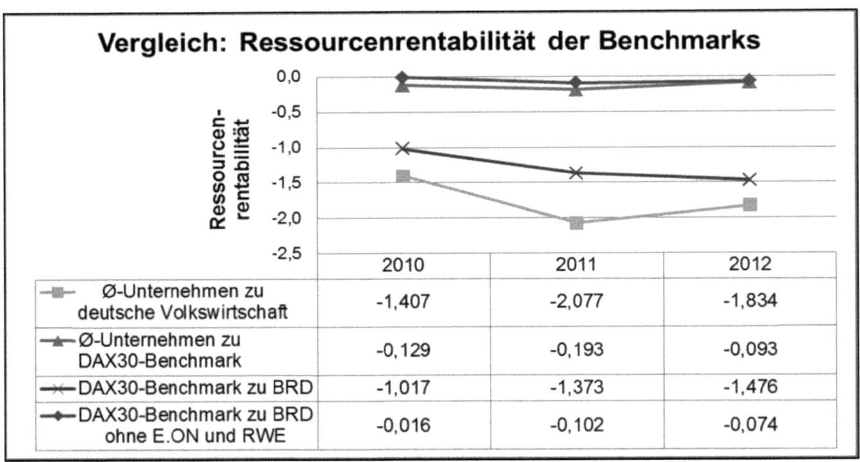

	2010	2011	2012
Ø-Unternehmen zu deutsche Volkswirtschaft	-1,407	-2,077	-1,834
Ø-Unternehmen zu DAX30-Benchmark	-0,129	-0,193	-0,093
DAX30-Benchmark zu BRD	-1,017	-1,373	-1,476
DAX30-Benchmark zu BRD ohne E.ON und RWE	-0,016	-0,102	-0,074

Abbildung 12: Vergleich der Ressourcenrentabilität anhand der Benchmarks

Für den Vergleich der deutschen Volkswirtschaft und des DAX30-Benchmarks wurden die durchschnittliche Ressourcenrentabilität der Durchschnittszeile in Tabelle 17 (S. 107) und 19 (S. 110) entnommen. Die Ressourcenrentabilität des DAX30-Benchmark zu Deutschland (ohne E.ON und RWE) wurde analog der Berechnung der Unternehmen zu dem Benchmark der deutschen Volkswirtschaft ermittelt (siehe Anhang D auf der Verlagshomepage: www.eul-verlag.de/pdf-wz/9783844103663 _Anhang.pdf).

Es ist ersichtlich, dass sich alle Benchmarks im Negativbereich befinden. Die durchschnittliche Ressourcenrentabilität der „Unternehmen zur deutschen Volkswirtschaft“ weist die schlechteste Ressourcenrentabilität auf. Dies ist jedoch lediglich in der Zusammensetzung des DAX30-Benchmarks begründet, der diese negativen Werte bereits enthält. Folgerichtig befindet sich der Vergleich „Unternehmen zu DAX30-Benchmark“ sehr nah an der Nulllinie.

Da sich der DAX30-Benchmark aus den kumulierten Ressourcen der einzelnen Indikatoren zusammensetzt und anschließend durch die Häufigkeit der vorhandenen Datensätze geteilt wird, bildet er im Vergleich zur deutschen Volkswirtschaft am besten den Trend der absoluten Ressourcenverbräuche der Untersuchungsgruppe ab. Die Ressourcenrentabilität dieses Durchschnittsbenchmarks (Markierung: dunkelgraues Kreuz) spiegelt auch den beobachteten Negativtrend des absoluten mSVA (Tabelle 15, S. 104) am deutlichsten wider. Dazu sollte erwähnt werden, dass der Wert für 2010 mit -1,017 deutlich positiver als in den folgenden Jahren ausfällt, weil E.ON für dieses Jahr keine Angaben zum Gesamtwasserverbrauch machte. Dabei fällt gerade der Wassereinsatz bei Energieproduzenten extrem ins Gewicht, weshalb E.ON 2012 eine doppelt so schlechte Ressourcenrentabilität wie im Jahr 2010 aufweist.[417] Diese extremen Werte haben selbstredend auch auf den DAX30-Benchmark einen starken Einfluss. So läge beispielsweise die Ressourcenrentabilität des DAX30-Benchmarks mit der Annahme, dass E.ON 2010 den gleichen Gesamtwasserverbrauch wie 2011 hätte, nicht bei -1,017, sondern bei -1,288 und wäre somit um signifikante 26,6% schlechter. In der Grafik wäre dann eine jährlich lineare Verschlechterung zu erkennen.

Wegen des starken Gewichts wurde deswegen in Abb. 12 zusätzlich der DAX30-Benchmark ohne die Energieproduzenten aufgenommen, um die Entwicklung der restlichen Unternehmen auch ohne den Einfluss dieser betrachten zu können (Markierung: dunkelgraues Karo). Allerdings ist auch dort ein leichter Negativtrend erkennbar. Demnach kann die Stärke des Trends, wie bereits erwähnt, zwar an den Energieproduzenten festgemacht werden, aber der negative Trend an sich ist auch ohne diese im Durchschnitt der Untersuchungsgruppe wiederzufinden.

[417] Siehe Tabelle 17, S. 107

Die Ergebnisse des absoluten mSVA werden im Folgenden in Euro interpretiert und konkretisiert, umso die vielen Vorteile der monetären Bewertung der Nachhaltigkeitsleistung zu nutzen.[418] Denn die Diskussion basierend auf relativen Kennzahlen wie der Ressourcenrentabilität hat einen entscheidenden Nachteil: Es kann zwar festgestellt werden, dass die bewerteten Unternehmen in der Gesamtbetrachtung schlecht für die Gesellschaft und zukünftige Generationen mit den Ressourcen umgehen, allerdings erscheint dies anhand relativer Zahlen immer recht harmlos und abstrakt.

Die durchschnittliche Nachhaltigkeitsleistung für das Jahr 2012 (DAX30-Benchmark) kann demnach folgendermaßen dargestellt werden:[419]

- Ein Unternehmen des DAX30 setzte seine Ressourcen im Vergleich mit der deutschen Volkswirtschaft zu einem Faktor von -1,476 bezogen auf seine Wertschöpfung ein. Das bedeutet, Unternehmen des DAX30 belasten die deutsche Volkswirtschaft durchschnittlich 1,476 Mal mehr, als deren Beitrag zum Nettoinlandsprodukt beträgt.[420]

oder:

- Im Vergleich zur deutschen Volkswirtschaft setzte ein durchschnittliches Unternehmen des DAX30 seine Ressourcen so ineffizient ein, dass aus Nachhaltigkeitssicht Belastungen in Höhe von 15,93 Mrd. Euro entstehen, die an die deutsche Volkswirtschaft externalisiert werden.

Zusätzlich kann man beobachten, dass die durchschnittlichen Belastungen eines DAX30-Unternehmens von 2010 bis 2012 über 5 Mrd. Euro zunahmen. Selbst um den Effekt des Gesamtwasserverbrauchs bei E.ON bereinigt, wäre eine Steigerung der Belastungen von ca. 2,5 Mrd. Euro zu vernehmen.
Wenn man zusätzlich die Unternehmensergebnisse für den mSVA in Tabelle 15 (S. 104) und dazu den Vergleich der Dimensionen aus Tabelle 16 (S. 105) heranzieht, dann erkennt man nicht nur diesen negativen Trend, sondern auch, wie sich dieser zusammensetzt. Bei Betrachtung der drei Dimensionen kann man zum Beispiel feststellen, dass im ökonomischen und sozialen Bereich tatsächlich eine Verbesserung

[418] Siehe Kapitel 4, S. 71 ff.
[419] Zahlen aus Tabelle 18, S. 108
[420] Externalisierte Folgen i.S. der Unternehmensethik. Vgl. Kapitel 2.2.1, Ulrich, S. 11 f.

zu finden ist. In Summe weisen Unternehmen ein Plus von 15,76 Mrd. Euro zwischen 2010 und 2012 auf. Der größte Teil wird dabei von der ökonomischen Dimension beigesteuert, was zur Verbesserung der Wettbewerbsfähigkeit beiträgt und Arbeitsplätze in der Zukunft absichert. Auch im sozialen Bereich ist im Jahr 2012 ein (leichter) positiver Trend zu entdecken, was vor allem auf die steigenden Auszubildendenzahlen und sinkenden Arbeitsunfälle zurückzuführen ist. Vergleicht man dieses Ergebnis allerdings mit der ökologischen Dimension, die sich um 200,8 Mrd. Euro verschlechtert, dann erkennt man schnell das Hauptproblem des heutigen Wirtschaftens: den Einsatz ökologischer Ressourcen. Selbst wenn zu Vergleichszwecken die Unregelmäßigkeit des Gesamtwasserverbrauchs bei E.ON korrigiert wird, wäre eine Verschlechterung von 109,6 Mrd. Euro im ökologischen Bereich festzustellen. Das bedeutet, dass die ökologische Belastung bei den analysierten Unternehmen fast sieben Mal höher ist als die Verbesserung in den beiden anderen Bereichen zusammen.

Somit stehen für die gesamte Untersuchungsgruppe am Ende des Jahres 2012 externalisierte Kosten in Höhe von 305,8 Mrd. Euro zu Buche, die auf die restliche deutsche Volkswirtschaft übertragen werden. Das entspricht immerhin ca. 15% der deutschen Nettowertschöpfung, die von der Gesamtheit der deutschen Volkswirtschaft ausgeglichen werden.[421]

An dieser Stelle werden die Gefahren des Ökoeffizienzansatzes[422] real spürbar. Denn obwohl in den meisten Nachhaltigkeitsberichten von relativen Effizienzgewinnen berichtet wurde, stieg bei vielen trotzdem der absolute Ressourceneinsatz. Das Ergebnis des absoluten mSVA zeigt dementsprechend unbeeindruckt von relativen Verbesserungen, wie ineffizient mit ökologischen Ressourcen umgegangen wird. Betrachtet man den negativen Verlauf, welcher durch den Einsatz von ökologischen Ressourcen getrieben wurde, erhält man zu schlechte Ergebnisse, um von einer positiven Entwicklung reden zu können.

Im Fall der Nachhaltigkeitsleistung der DAX30-Unternehmen ist, im Vergleich zur deutschen Volkswirtschaft, eine Verschlechterung des mSVA von ca. 98 Mrd. Euro in

[421] Externalisierte Folgen i.S. der Unternehmensethik. Vgl. Kapitel 2.2.1, Ulrich, S. 11 f.
[422] Siehe Kapitel 3.6, S. 6969 f.

lediglich zwei Jahren festzustellen. Bei Betrachtung des deutschen Leitindex DAX30, als Indikator für eine Entwicklung der deutschen Wirtschaft, ist nach dieser Analyse demnach eher eine Entfernung, als eine Annäherung hin zu einer nachhaltigen Wirtschaft zu erkennen. Die DAX30-Unternehmen und somit die größten Unternehmen Deutschlands, können demnach nicht als die großen Förderer oder Treiber einer nachhaltigeren deutschen Wirtschaft bezeichnet werden (wie durch die eigenen PR-Abteilungen kommuniziert), sondern bremsen viel eher eine positive Entwicklung Deutschlands im ökologischen Bereich und einer nachhaltigen Wirtschaft im Allgemeinen.

6.6 Bewertung der Studie

Wie jeder Bewertungsansatz, weist auch der Sustainable-Value-Ansatz Grenzen auf. Deswegen werden nun zuerst diese aufgezeigt, bevor der Sustainable-Value-Ansatz darauf aufbauend einer kritischen Bewertung unterzogen wird. Dabei wurden, zumindest für den originären SVA-Ansatz, bisherige Studien größtenteils bestätigt, während der mSVA erst in dieser Arbeit entwickelt wurde und entsprechend manche Grenzen verschiebt. Anschließend wird das Vorgehen des modifizierten Sustainable-Value-Ansatzes kritisch bewertet und Verbesserungspotential identifiziert.

6.6.1 Grenzen des Sustainable Value Added

Wie bereits in anderen Studien festgestellt, stößt der Sustainable-Value-Ansatz vor allem bei qualitativen Nachhaltigkeitsaspekten an seine Grenzen.[423] Als wertorientierter Ansatz können lediglich jene Aspekte berücksichtigt werden, die sinnvoll quantifizierbar sind und sowohl solide als auch belastbar vorliegen. Dies impliziert direkt eine weitere Grenze: Die ermittelten Ergebnisse hängen von der Qualität der Nachhaltigkeitsberichterstattung der bewerteten Unternehmen ab. Dabei ist jedoch genau die in der aktuellen Fassung der GRI im Sinne der Nachhaltigkeit oft mangelhaft und nicht zufriedenstellend. Auch wenn diese zwar eine allgemeine Basis und Orientierung bilden, so sind die finalen Berichte doch oft mehrdeutig und weisen ein hohes Maß an Individualität auf. Dies erkannten nicht nur Arnsfeld, Peters und Wübben[424], sondern auch in dieser Arbeit wurde diese Thematik bereits ausführlich behandelt.[425]

[423] Vgl. Hahn / Liesen (2007), S. 26
[424] Vgl. Arnsfeld / Peters / Wübben (2011), S. 82
[425] Siehe Kapitel 3.5, S. 63 ff.

Vor allem der Interpretationsspielraum bei der Auslegung der einzelnen Nachhaltigkeitsindikatoren veranlasste dazu, teils sehr allgemeine Indikatoren zu wählen, um die Vergleichbarkeit der Daten zu gewährleisten (z.B. Gesamtwasserverbrauch oder Abfallgesamtaufkommen). Durch den Quasistandard der GRI-Leitlinien konzentrieren sich die meisten Unternehmen außerdem lediglich auf die dort geforderten Bereiche des TBL-Reportings, weshalb andere Nachhaltigkeitsdimensionen (z.B. Kultur) nicht in der Bewertung anhand des mSVA berücksichtigt werden können.

Eine weitere Einschränkung der verwendbaren Indikatoren hängt von der Wahl des Benchmarks ab. Arnsfeld, Peters und Wübben stellten dazu die Problematik der länderübergreifenden Rahmenbedingungen fest. Allerdings konnte dieses Problem durch die Bewertung ausschließlich deutscher Unternehmen umgangen werden. Trotzdem begrenzte die Benchmarkproblematik auch in dieser Arbeit die möglichen Indikatoren, da lediglich jene verwendet werden konnten, die auf Benchmark- und Unternehmensebene gleichermaßen zuverlässig zur Verfügung standen.[426]

Eine Branchenbetrachtung stand nicht um Fokus der Studie und wurde nicht vorgenommen, ist aber auf Basis der Benchmarklogik möglich. Für genauere Rückschlüsse und Wettbewerbsanalysen kann ein Branchenbenchmark sehr hilfreiche Informationen bieten. So könnten beispielsweise die CO_2-Emissionen der BASF aus der Beispielrechnung[427] mit der Chemiebranche und Wettbewerbern verglichen werden, um Effizienzunterschiede zwischen (und innerhalb) den verschiedenen Branchen der deutschen Wirtschaft zu berücksichtigen.[428] Dies ist sinnvoll, um Angriffspunkte für eine detailliertere und weiterführende Ursachenforschung zu identifizieren.

Immerhin konnte mit der Modifizierung des Sustainable-Value-Ansatzes (mSVA) die Problematik der alleinigen Orientierung an Effizienzstrategien gelöst werden. Somit konnten in dieser Arbeit nicht nur die für die Effizienzlogik typischen „weniger ist mehr“-Beziehungen, sondern auch „mehr ist mehr“-Beziehungen berücksichtigt werden. Diese Anpassung erlaubte zudem eine differenzierte Betrachtung der verschiedenen Dimensionen, da erst durch das Einbeziehen der zusätzlichen Indikato-

[426] Vgl. Arnsfeld / Peters / Wübben (2011), S 82
[427] Siehe Beispiel in Kapitel 4.3.5, S. 81 f.
[428] Vgl. Hahn / Liesen (2007), S. 63

ren eine einzelne Bewertung der Dimensionen ermöglicht wird und diese sinnvoll macht. Durch die Möglichkeit, mehr Indikatoren in die Bewertung einfließen zu lassen, konnten einige Grenzen zugunsten einer umfassenderen Betrachtung der Nachhaltigkeitsleistung verschoben werden.

6.6.2 Kritische Bewertung des Sustainable-Value-Ansatz (mSVA)

Als Instrument des Performance Measurement ist der Sustainable-Value-Ansatz bei einer Unterscheidung zwischen informationsorientierten Ansätzen und (strategisch) steuerungsorientierten Systemen als informationsorientierter Ansatz einzuordnen. Dafür spricht die Vorgehensweise, die vergangenheitsorientierte Ermittlung des mSVA und die vergleichsgetriebene Auswahl der Indikatoren, die sich nicht nach den unternehmensindividuellen erfolgskritischen Indikatoren richtet.[429] Ähnliche Beobachtungen machten bereits Greilinger und Ther bei deren Bewertung des Sustainable-Value-Ansatzes. Zusätzlich wird dem Ansatz dabei eine diagnostische Ausrichtung zugesprochen, da die ex post-Kontrolle im Zentrum steht.[430]

Die schlechte Datenqualität der Nachhaltigkeitsindikatoren ist jedoch, wie bereits erwähnt, am kritischsten zu sehen. Die oft nur ungenügend standardisierten Nachhaltigkeitsberichte weisen zu viel Interpretationsspielraum und relative Kennzahlen auf. Ein Vergleich von mehreren Unternehmen wird deswegen nicht nur erschwert, sondern sie lenken auch elegant von einem steigenden absoluten Ressourceneinsatz ab. Aus Gründen der Objektivität, Vergleichbarkeit und zur Verringerung des Manipulationsrisikos werden insofern beim Sustainable-Value-Ansatz und in dieser Arbeit ausschließlich absolute Zahlen verwendet. Dass dies nicht nur Vorteile, sondern auch Nachteile mit sich bringt, liegt in der Ambiguität einer Abgrenzung. Somit wird durch eine Konzentration auf lediglich absolute Zahlen die Quantität der möglichen Indikatoren eingeschränkt. Vor allem deren Verfügbarkeit auf Unternehmens- und Benchmarkebene reduziert die in Frage kommenden Aspekte deutlich und zwingt letztendlich zu einer selektiven Auswahl der Indikatoren. Durch die Weiterentwicklung des ursprünglichen SVA zum mSVA kann dieses Problem zwar etwas entschärft werden, da nun mehr Indikatoren berücksichtigt werden können, bleibt aber grundsätzlich bestehen. Vor allem die starke Beschränkung auf Indikatoren, die der

[429] Siehe Kapitel 4, S. 71 ff.
[430] Vgl. Greilinger / Ther (2010), S. 58 ff.

Effizienzlogik folgen, war noch ein wesentlicher Kritikpunkt von Greilinger und Ther in deren kritischer Bewertung des ursprünglichen SVA.[431]

Durch die Erweiterung der einzubeziehenden Indikatoren konnte außerdem Hahn und Liesen entsprochen werden, die konstituierten, dass mit zunehmender Menge an berücksichtigten Indikatoren der Sustainable Value für die Nachhaltigkeitsleistung eines Unternehmens besser bewertet und genauer wiedergegeben werden kann.[432] Zudem trägt dies dazu bei (wie zuvor bei der TBL und den GRI-Leitlinien kritisiert[433]), dass nicht nur zu jeder bewerteten Dimension sinnvoll eine Summenzeile gebildet wird, sondern das Ergebnis darüber hinaus in einer integrierten „buttom line" dargestellt werden kann. Dies bringt einerseits den Vorteil, dass Unternehmen als Ganzes bewertet werden können, andererseits den Nachteil, dass Trade-offs zwischen den unterschiedlichen Dimensionen möglich sind.[434] Aber auch an dieser Stelle bringt die Erweiterung zum mSVA eine Verbesserung. Durch die Möglichkeit, mehr Indikatoren einzubeziehen, sind in dieser Arbeit bereits mindestens drei Indikatoren in jeder abgebildeten Dimension enthalten. Dadurch kann, zusätzlich zur Gesamtbetrachtung, jede Dimension einzeln betrachtet und analysiert werden. Dieser Vorteil des mSVA wurde auch in dieser Studie immer wieder bei der Interpretation der Ergebnisse genutzt.

Allerdings können keine logisch deduktiven oder empirisch induktiven Beziehungen zwischen den einzelnen Indikatoren hergestellt werden, sodass der modifizierte Sustainable-Value-Ansatz nicht alle bereits existierenden Analysen- und Bewertungskonzepte ersetzt. Gleichwohl bietet er eine gute Ausgangsbasis für tiefergehende Analysen.[435] Dabei können bei unternehmens- oder brancheninternen Vergleichen genauere Angriffspunkte für eine detailliertere Ursachenforschung identifiziert werden, als dies der Vergleich der DAX30-Unternehmen mit einem gesellschaftlichen Benchmark und öffentlich zugänglichen Informationen zulässt.

Obwohl in dieser Arbeit keine brancheninternen Vergleiche vorgenommen wurden, so ist es trotzdem verwunderlich, dass ausgerechnet alle untersuchten Automobil-

[431] Vgl. Greilinger / Ther (2010), S. 60 f.
[432] Vgl. Hahn / Liesen (2007), S. 74
[433] Siehe dazu Kapitel 3.5 S. 63 ff.
[434] Siehe dazu Kapitel 3.5 S. 64 f. (Trade offs)
[435] Vgl. Greilinger / Ther (2010), S. 60

konzerne so gute Ergebnisse erzielten. Nicht nur die guten Ergebnisse, sondern auch die Nähe zueinander wird in Abb. 11 (S. 113) anhand des Branchenclusters dargestellt. Allerdings ist es eben auch genau diese Branche, die seit Henry Ford ständig am Effizienzoptimum produziert. Der modifizierte Sustainable-Value-Ansatz kann in seiner aktuellen Form und den zur Verfügung stehenden Daten jedoch keine Bewertung der produzierten Güter und Dienstleistungen im Hinblick auf deren Nachhaltigkeitsleistung vornehmen. Würde die Automobilbranche auch nur über einen Teil der verursachten Umweltbelastungen berichten, die durch die Benutzung der Fahrzeuge entstehen, so wäre die Bewertung anders ausgefallen. So berichtete beispielsweise Volkswagen für das Jahr 2012 die CO_2-Emissionen, die in der Nutzungsphase der Fahrzeuge (150.000 km) entstehen und kam auf 250.481.613 Tonnen CO_2-Emissionen. Damit wären diese ca. 29 Mal höher als die berichteten direkten und indirekten CO_2-Emissionen zusammen, die im Konzern entstehen. Demnach hätte Volkswagen im Jahr 2012, unter Berücksichtigung der Nutzungsphase, einen stark negativen mSVA aufzuweisen. Alternativ wäre an dieser Stelle auch eine tiefergehende Ursachenforschung pro Produktgruppe anhand von MIPS-Analysen (Material Inputs (incl. Energy) per Unit of Service) denkbar.[436] Aufgrund der mangelnden Verfügbarkeit der Daten und Sicherstellung von Vergleichbarkeit musste allerdings in dieser Arbeit auf einen Einbezug der Endprodukte verzichtet werden.

Auf Unternehmensebene kann indes recht unkompliziert auf Daten der Nutzungsphase zurückgegriffen werden, um den modifizierten Sustainable-Value-Ansatz als Instrument des internen Performance Measurement einzusetzen. In der Unternehmenspraxis könnte der mSVA somit zusätzlich als Steuerungsinstrument verwendet werden.

Bereits in der ersten Fassung von Hahn und Figge und in vielen weiterführenden Studien[437] wurde darauf hingewiesen, dass der Sustainable-Value-Ansatz seinen größten Beitrag erst leisten kann, wenn ein Soll-Sustainable-Value im Unternehmen und somit der Unternehmenssteuerung verankert werden kann. Somit könnten auf einer konzerninternen Datenbasis individuelle Ziele für die einzelnen Gesellschaften verhandelt und ähnlich wie in der Finanzrechnung am Ende eines Berichtsjahres

436 Vgl. Milne / Gray (2012), S. 10 f.
437 Vgl. Figge / Hahn (2002), S. 22 ff.; S. 59; Vgl. Hahn / Liesen (2007), S. 68; Vgl. Greilinger / Ther (2010), S. 59

konsolidiert dargestellt werden. Das Problem der Datenverfügbarkeit wäre auf diese Art und Weise gelöst und eine Nachhaltigkeitspolitik auf Basis des Verursacherprinzips ermöglicht. Mithilfe von Zielvorgaben, die auch extern kommuniziert werden, könnten Stakeholderinteressen transparenter und besser vergleichbar (gemessen in monetären oder absoluten Einheiten) verfolgt werden.

An dieser Stelle profitiert der Ansatz von der Benchmarklogik, die auf der Finanztheorie aufbaut. Der mSVA weist dadurch eine enge Verzahnung mit dem Controlling auf und wäre deswegen als Instrument des Sustainability Controllings geeignet, das für eine erfolgreiche Integration des Nachhaltigkeitsmanagements in die Unternehmenssteuerung nötig ist. Somit bleibt außerdem positiv hervorzuheben, dass der mSVA angesichts der Kongruenz mit dem Konzept der wertorientierten Unternehmensführung der Entstehung von Insellösungen entgegenwirkt.[438]

Beim Bewerten der Nachhaltigkeitsleistung wird gerade anhand des mSVAs allerdings auch auffällig, welch großen Einfluss die Wahl des Benchmarks auf das Ergebnis haben kann. In dieser Studie konnten so erhebliche Differenzen zwischen den Ergebnissen der beiden Benchmarks erkannt werden. Die verwendeten Benchmarks müssen deshalb jedes Mal gezielt und wohlüberlegt eingesetzt werden, damit aussagekräftige und sinnvolle Ergebnisse erzielt werden können. Während sich die gewählten Benchmarks zur Bewertung der Nachhaltigkeitsleistung der DAX30-Unternehmen im Vergleich mit der deutschen Volkswirtschaft in dieser Arbeit als durchaus sinnvoll erwiesen haben, so kann es sein, dass in anderen Anwendungsfällen besser andere Benchmarks, Ertragsgrößen oder Indikatoren eingesetzt werden sollten. Auch Hahn und Liesen stellten in ihrer Studie 2007 einen ähnlich starken Einfluss des Benchmarks fest.[439]

Abschließend kann festgestellt werden, dass der Sustainable-Value-Ansatz gleich mehrere gute Ansätze miteinander verbindet. Zunächst baut er auf der Benchmarklogik der Finanzanalyse auf, wodurch er eine Nähe zu bereits bekannten Theorien und Vorgehensweisen für Unternehmen und Analysten herstellt. Die Darstellung der Nachhaltigkeitsleistung in einer monetären Einheit wie dem Euro drückt diese

[438] Vgl. Greilinger / Ther (2010), S. 62
[439] Vgl. Hahn / Liesen (2007), S. 77

Nähe aus und macht eine Ergebnisinterpretation sehr viel einfacher. Weiterhin bietet der mSVA nicht nur die Möglichkeit, die drei Hauptpfeiler der Nachhaltigkeit (Ökonomie, Ökologie und Soziales) integriert darzustellen, sondern diese gleichzeitig auch differenziert zu betrachten. Der Ansatz unterstützt darüber hinaus die Eingliederung eines nachhaltigen Leitbilds in die Unternehmensstrategie und das operative Geschäft. Der modifizierte Sustainable-Value-Ansatz hat also nicht nur in der externen Anwendung, sondern auch intern starke Vorteile gegenüber bisherigen Konzepten vorzuweisen. Durch das monetäre Bewerten von Ressourceneinsätzen könnte dieser Ansatz die Nachhaltigkeitsdiskussion entscheidend beeinflussen und fördern, denn immerhin wurde somit eines der aktuellen Hauptprobleme gelöst.

Zuletzt werden die genannten Punkte der kritischen Bewertung im Rahmen einer SWOT-Analyse übersichtlich zusammengefasst. Dabei wurden einige Punkte der SWOT-Analyse von Arnsfeld, Peters und Wübben übernommen, die für den ursprünglichen SVA durchgeführt wurde.

Stärken	**Chancen**
• Berechnungslogik der Finanztheorie • Kennzahlenorientiert • Schafft Bewusstsein für Nachhaltigkeit • Indikator für Ressourcennutzung • Dimensionen der Nachhaltigkeit können einzeln betrachtet werden • Identifikation von Unternehmen als Werttreiber und -vernichter • Bezifferung des Ressourceneinsatzes in einer monetären Größe	• Implementierung als interne Steuerungszahl und Zielvorgabe • Anwendung über längeren Zeitraum • Anzeigen von Tendenzen und Entwicklungen • Einbindung ins Nachhaltigkeitscontrolling • Klar definierter Benchmark kann als Messlatte definiert werden • Kann Bezug zur „Sustainable Gap“[440] herstellen
Schwächen	**Risiken**
• Keine einheitlichen Indikatoren • Schlechte Datenqualität • Datendefinition nicht einheitlich (fehlender Standard) • Ermöglicht Trade-offs • Vergangenheitsorientiert • Noch keine ganzheitliche Bewertung möglich (inkl. Produkten und aller Vorleistungen)	• Vermittlung falscher Zustände • Viele unterschiedliche Faktoren in einer Kennzahl • Keine Berücksichtigung von gesetzlichen Unterschieden • Vergleich noch nicht auf globaler Ebene möglich • Willkürliche Auswahl der Indikatoren • Benchmarkproblematik

Tabelle 20: SWOT-Analyse des mSVA-Konzepts
Quelle: Eigene Darstellung in Anlehnung an Arnsfeld / Peters / Wübben (2011), S. 84

[440] Siehe Kapitel 3.5, S. 63 ff.

7 Kritische Schlussbetrachtung und Ausblick

7.1 Aktuelle Probleme aufzeigen

Bei den vorgestellten Ergebnissen der empirischen Untersuchung in Kapitel 6 (S. 93 ff.) stechen zwei Hauptprobleme der heutigen Nachhaltigkeitsaktivitäten heraus:

- Die schlechte Datenqualität
- Der schlechte Umgang mit ökologischen Ressourcen

Die schlechte Datenqualität der Berichterstattung schlägt sich dabei direkt auf den Umgang mit den ökologischen Ressourcen durch. Denn große Interpretationsspielräume und die Anwendung von relativen Kennzahlen erschweren nicht nur den Vergleich, sondern beschränken auch die Aussagekraft vieler Indikatoren. In dieser Arbeit konnte so beispielsweise auch der Indikator Abfallaufkommen nur auf der höchsten Ebene verwendet werden, ohne zwischen den verschiedenen Abfallarten zu unterscheiden. Diese Interpretationsspielräume werden vor allem durch die verbreitete Anwendung des Quasistandards der GRI gefördert, da dort keine klare Abgrenzung und Definition stattfindet. Das führte beispielsweise dazu, dass keine unterschiedliche Bewertung zwischen verwertbarem und nicht verwertbarem Abfall möglich war. Letztendlich konnte lediglich das Gesamtabfallaufkommen berücksichtigt werden, da dieses den einzigen gemeinsamen Nenner repräsentierte. Dabei wäre gerade die genannte Abgrenzung interessant zu betrachten, da ein Vorschlag zum Erreichen einer nachhaltigen Wirtschaft daraus besteht, aus den Materialflüssen der Produktion Kreisläufe zu bilden und somit jedes Stück Abfall wieder zu verwenden. Dieser Ansatz folgt dem Prinzip: Abfall ist Nahrung für Neues. Ziel dabei ist es, irgendwann 100% der Abfälle in anderen Produktionsschritten und Produkten verwerten zu können.[441]

Abgesehen von der schlechten Qualität der Nachhaltigkeitsberichte, der mangelnden Vergleichbarkeit und dem Wiederfinden vieler Kritikpunkte aus Kapitel 3.5,[442] ist jedoch das Verwenden vieler relativer Kennzahlen am kritischsten zu bewerten.

[441] Mehr dazu unter "Ökoeffektivität" in Paech (2012), S. 172 ff.
[442] Siehe Kapitel 3.5, S. 63 ff.

Denn anhand dieser rechtfertigen Unternehmen nicht nur ihr Geschäftsmodell, sondern lenken auch oft von steigenden absoluten Ressourceneinsätzen ab – dem sogenannten Reboundeffekt.[443]

In Kapitel 3.6 wurde bereits grafisch untermauert, dass der Reboundeffekt nicht nur ein theoretisches Phänomen darstellt.[444] Auch in dieser Arbeit ist der schlechte Umgang mit den ökologischen Ressourcen zu beobachten und bestätigt das zuvor Beschriebene. Für die ökologische Dimension kann so festgestellt werden, dass die bewerteten Unternehmen im Jahr 2012 ihre Ressourcen mit einem Gegenwert von 859 Mrd. Euro weniger nachhaltig einsetzten als die deutsche Volkswirtschaft insgesamt. Auf eine Zunahme des absoluten Ressourceneinsatzes weist jedoch nicht das Ergebnis von 2012 hin, sondern die Verschlechterung zwischen 2010 und 2012 um 201 Mrd. Euro (bzw. 109,6 Mrd. Euro bereinigt um den Wassereffekt bei E.ON).[445]

Diese Ergebnisse sind insbesondere dann als problematisch zu bewerten, wenn man bedenkt, dass als Benchmark die Bunderepublik Deutschland zum Vergleich herangezogen wurde. Denn Deutschland verbraucht zu viele ökologische Ressourcen, als dass von einer nachhaltigen Wirtschaft im eigentlichen Sinne gesprochen werden könnte. Würde die ganze Welt ihre ökologischen Ressourcen so wie die deutsche Volkswirtschaft einsetzen, dann bräuchte die Menschheit laut einer Studie des Global Footprint Networks im Jahr 2012 bereits 2,34 Planeten, um diesen Ressourceneinsatz dauerhaft und nachhaltig aufrechterhalten zu können.[446] Unter strengstem Nachhaltigkeitsverständnis müsste man demnach zum Bewerten wirklicher Nachhaltigkeit (Biokapazität - Ressourcenverbrauch = 0) auf Benchmarkebene eigentlich noch viel niedriger ansetzen, zumindest für die ökologische Dimension. Dies hätte zur Folge, dass die bewerteten Unternehmen für ihren Ressourceneinsatz ein noch schlechteres Ergebnis vorzuweisen hätten.

Während weltweit bereits einige Studien zu der Biokapazität der Erde und des weltweiten Ressourcenverbrauchs vorliegen, so ist das für den sozialen Bereich nicht der

[443] Siehe Kapitel 3.6, S. 69 f.
[444] Siehe Kapitel 3.6, Abbildung 6, S. 70
[445] Siehe Kapitel 6.5, S. 111 f.
[446] Vgl. o.V. (2012): [WWF], 135 ff.

Fall. Da es sich dabei eher um moralische Fragen dreht, wird es schwerer dort einen adäquaten und universalen Benchmark zu finden. Aufgrund kultureller Unterschiede, die in der Bewertung der Nachhaltigkeitsleistung zu berücksichtigen sind, wäre es in diesem Bereich sinnvoll, einen Best-in-Class-Benchmark auf Basis international anerkannter Prinzipien und kultureller Eigenschaften zu definieren oder zu wählen.[447] Allerdings ist das auch der Bereich, der vor allem in Bezug auf die Nachhaltigkeitsberichterstattung am meisten Forschungsaufwand benötigt. Denn um auf Basis der Benchmarklogik Leistungen bewerten zu können, müssen diese zunächst vergleichbar sein – für den mSVA sogar quantitativ vorliegen.

Auf Basis der Ergebnisse dieser Analyse weist die ökologische Dimension ganz klar den akutesten Handlungsbedarf auf. Wenn man zusätzlich bedenkt, dass eine nachhaltige Bewertung mit einem globalen Benchmark vermutlich wesentlich schlechter ausgefallen wäre, dann ist dieses Ergebnis tatsächlich alarmierend. Auch Paech und andere Wissenschaftler erkennen eine vorrangige Bedeutung der ökologischen Dimension in der Nachhaltigkeitsdiskussion, erklären diese jedoch eher theoretisch. Demnach erkennt Paech, dass die ökologischen Ressourcen zunehmend auch zu einem limitierenden Faktor wirtschaftlicher Entwicklung werden. Durch die entstehende ökologische Instabilität und dem Fehlen natürlicher Ressourcen würde demnach auch allen anderen Bereichen eine Bedürfnisbefriedigung vereitelt.[448] Diese Überlegung, dass es ohne natürliche Ressourcen schwer ist, eine soziale oder wirtschaftliche Ordnung aufrechtzuerhalten, begründet Meyer-Abich mit Hilfe einer Systemlogik. Demnach beschreibt er die Natur als die höchste Systemebene, worin die Gesellschaft eine Ebene weiter unten ein Subsystem darstellt und die Wirtschaft wiederum ein Subsystem der Gesellschaft ist.[449] Auch wenn dies eine extreme Simplifizierung der Sachlage darstellt, so zeigt es doch sehr logisch, dass eine dauerhafte Unterordnung ökologischer Bedürfnisse zu Gunsten der Wirtschaft kritisch zu bewerten ist und Umweltbelange nicht nachrangig behandelt werden sollten.

Nach einer Studie des Global Footprint Networks wurden allerdings bereits im Jahr 2012 deutlich mehr Ressourcen verbraucht als nachwachsen können. Das heißt, der menschliche Ressourcenverbrauch übersteigt die Biokapazität der Erde. Laut dieser

[447] Zum Beispiel die Konzepte aus Kapitel 3.3, S. 45 ff.
[448] Vgl. Paech (2012), S. 45 f.
[449] Vgl. Paech (2012), S. 98

Studie wären 1,47 Planeten nötig, um den aktuellen Ressourcenkonsum dauerhaft aufrechterhalten zu können.[450]

Nach dem letzten Bericht an den Club of Rome von Randers, befindet sich die Menschheit zurzeit also nicht nur an einer Grenzüberziehung, sondern überschreitet zusätzlich die Grenze auf der höchsten Systemebene.[451] An dieser Stelle gibt es laut Randers, wenn einmal eine Grenzüberschreitung eingetreten ist, lediglich zwei Wege zurück auf die Ebene der Nachhaltigkeit: Entweder den gesteuerten Niedergang (geordnete Einführung einer neuen Lösung) oder den Zusammenbruch (wie der Zusammenbruch des Ökosystems auf den Osterinseln, der dazu führte, dass irgendwann alle Ressourcen verbraucht waren und ein Großteil der Bevölkerung verstarb). Sicher ist lediglich, dass eine Grenzüberschreitung nicht dauerhaft aufrechterhalten werden kann. Probleme globaler Art lassen sich jedoch weder schnell noch einfach lösen, weshalb schnellstmöglich damit begonnen werden müsste, gemeinsam an einer nachhaltigen Lösung zu arbeiten.[452]

7.2 Wo sollte die Entwicklung hingehen?

Wie diese Analyse zeigt und auch viele andere Studien bestätigen, ist in der Nachhaltigkeit vor allem eine zeitnahe Lösung für das Problem der ökologischen Ressourcenknappheit zu finden. Daran sollte interdisziplinär, global und gemeinsam gearbeitet werden. Dazu sind alle Bereiche der Nachhaltigkeit (Ökonomie, Ökologie, Sozial, Kultur, Demografie, etc.) miteinander in Verbindung zu bringen. Viele verschiedene Modelle werden bereits heute diskutiert, allerdings sind diese bisher lediglich einem recht kleinen Kreis von Experten bekannt. Eine übersichtliche Vorstellung der gängigsten Konzepte ist im Buch von Niko Paech zu finden.[453]

Mittlerweile haben auch die deutschen Medien die Problematik erkannt und so titelt beispielsweise die *Zeit*: „Europa hat die Menschheit ins Zeitalter der fossilen Brennstoffe geführt. Nun hat es die Chance, wieder zum Vorbild zu werden."[454] Damit nimmt die Zeitung Bezug auf die regelmäßigen Klimakonferenzen der EU und fordert

[450] Vgl. o.V. (2012): [WWF], S. 135 ff.
[451] Vgl. Randers (2013), S. 15
[452] Vgl. Randers (2013), S. 15
[453] Vgl. Paech (2012), S. 154 ff.
[454] Robinson (2014)

dabei unter anderem ein ehrgeizigeres Klimaziel und ein verschärfen des Handels mit CO_2-Emissionszertifikaten. Dass die Zeit drängt, ist auch einer Studie der Transatlantic Academy zu entnehmen, in der die steigende Gefahr für drohende Rohstoffkriege beschrieben wird und bereits Folgen von Rohstoffknappheit erkannt werden.[455]

Das Sustainable-Value-Konzept bietet nun jedoch erstmals einen Ansatz, der ökologischen Ressourcen einen monetären Wert zuweisen kann, den diese in einem Wirtschaftssystem innehätten. Mit dessen Hilfe könnte man den wirklich nachhaltigen Wert von Rohstoffen/Ressourcen auf einer globalen Ebene berechnen (Biokapazität - Ressourcenverbrauch = 0).

Auf einer solchen Basis wäre es theoretisch möglich, ähnlich des CO_2-Emissionszertifikathandels der EU, ein globales Zertifikathandelssystem für identifizierte ökologische Kernindikatoren aufzubauen. Das Limit der handelbaren Zertifikate sollte dabei die Schwelle zur Nachhaltigkeit abbilden. Somit hätte ein Unternehmen, das beispielsweise CO_2-arm arbeitet, die Möglichkeit überschüssige Zertifikate an Unternehmen verkaufen, die diese benötigen. Auf diese Weise könnte der absolute Ausstoß an CO_2 bis auf weiteres geregelt und gedeckelt werden. Durch ein solches Model profitieren dann Unternehmen, die ihre Ressourcen effizienter einsetzen als andere, was zur Folge hätte, dass sich Innovationen in diesem Bereich direkt auf das Ergebnis auswirken und somit fördern. Vor allem branchenintern sollte dies einen Wettbewerb fördern. Analog könnten Länder ungenutzte Zertifikate an andere Staaten oder Unternehmen verkaufen und weitere Gelder für die eigene nachhaltige Entwicklung generieren.

Da es sich bei der Umwandlung der heutigen Wirtschaft in eine nachhaltige Wirtschaft um ein Projekt handelt, das sich über einen längeren Zeitraum und vermutlich auch mehrere Generationen hinziehen wird, müsste eine Übergangslösung bis zum Erreichen einer nachhaltigen Wirtschaft gefunden werden.

[455] Vgl. Andrews-Speed et al. (2012), S. VII ff.

Dazu wäre es nötig, zwei Arten von Zertifikaten zu emittieren:

- Zertifikate, die 100% der Biokapazität und eines nachhaltigen Ressourcenverbrauchs widerspiegeln
- Zusätzliche Zertifikate, die restriktiv zum Übergang zu einer nachhaltigen Wirtschaft emittiert werden (jährliche Reduktion)

Die zusätzlichen Zertifikate sollten jährlich bis zum Erreichen einer nachhaltigen Weltwirtschaft reduziert werden. Die Preise wären mithilfe des mSVA zu ermitteln und entsprächen dem Wert der Belastungen in unserem Wirtschaftssystem (globaler Benchmark). Diese Zertifikate wären ebenfalls entsprechend auszuweisen und unterschiedlich zu kennzeichnen. Die mit den zusätzlichen Zertifikaten erwirtschafteten Gelder sollten in einen globalen Fund eingehen. Dieser sollte die generierten Gelder verwalten und sicherstellen, dass sie zu 100% in FuE und neue, nachhaltige Anlagen investiert werden. Das Einrichten eines globalen Fundverwalters ist nötig, um die Gelder global zu verteilen und auch in ärmeren Regionen Investitionen in nachhaltige Wirtschaft zu ermöglichen. Denn ohne die Entwicklungs- und Schwellenländer ist der globale Wandel nicht zu schaffen. Bisher konnte der hohe Ressourcenverbrauch der Industrienationen lediglich durch den geringen Konsum der Anderen ausgeglichen werden. Allerdings sind es dank wirksamer Armutsbekämpfung heute vor allem die Entwicklungs- und Schwellenländer, die ein starkes Wirtschaftswachstum vorweisen können.[456] Dabei kopieren Sie jedoch ein Wirtschaftsmodell, dessen Grenzen in dieser Arbeit aufgezeigt wurden. Da ein Großteil des Kapitals sich jedoch in den Industrieländern befindet, wäre ein internationaler Fundverwalter notwendig, der die Fördergelder für einen weltweiten Wandel sinnvoll verteilt. Eine von vielen Verteilungsmöglichkeiten würde beispielsweise die Pro-Kopf-Verteilung darstellen.

Während Industrieländer demnach eher den Ressourceneinsatz drosseln müssen, so wäre es bei vielen Entwicklungs- und Schwellenländern (wenn der Ressourcenverbrauch nicht die Biokapazität übersteigt)[457] eher sinnvoll, das absolute Niveau des Ressourceneinsatzes zu halten bzw. zu deckeln. Durch effizienteren oder anderen Gebrauch kann somit weiterhin wirtschaftlicher Wachstum gefördert werden, um soziale und demografische Probleme des Landes anzugehen.

---

[456] Vgl. Paech (2012), S. 47

[457] Biokapazität - Ressourcenverbrauch ≥ 0

Wichtig ist es vor allem, die ökologischen Probleme als globales Problem anzuerkennen und auch entsprechend zu handeln. Nur eine globale Klärung kann auch eine nachhaltige Lösung darstellen. Weshalb ein Zusammenarbeiten der Weltgemeinschaft nicht nur im Sinne aller sein sollte, sondern auch nötig ist. Ein globaler Fund bringt ein weltweites Zusammenrücken, eine verursacherbezogene Verantwortungsübernahme und hilft Entwicklungs- und Schwellenländern mit den zukünftigen Herausforderungen zurechtzukommen, die von den Industrieländern verursacht wurden. Somit stellt dieser Ansatz eine faire Möglichkeit dar, um aktuelle Probleme auf einer moralischen Basis anzugehen.

Obgleich der auf den letzten zwei Seiten vorgestellte Lösungsansatz lediglich eine grobe Skizzierung einer Idee darstellt, wird aufgezeigt, dass der mSVA zumindest theoretisch in einem breiten Feld einsetzbar ist. Um von einer praktisch realisierbaren Lösung sprechen zu können, muss dieser Ansatz jedoch noch erheblich weiterentwickelt werden. Dazu bedarf es einer tieferen und zielgerichteten theoretischen Fundierung, die von empirischen Untersuchungen begleitet wird. Die Bewertung der Praxisrelevanz des Ansatzes sollte Gegenstand einer fortgeführten wissenschaftlichen Diskussion sein, die aus Gründen der Fokussierung jedoch nicht in dieser Arbeit geführt wird.

Ein solches Vorgehen oder jede andere Lösungsvariante setzen allerdings eine gewisse Qualität der Nachhaltigkeitsberichte voraus, die aktuell durch fehlende Standards noch nicht gegeben ist. In diesem Zusammenhang wurde vor allem das Fehlen eines international anerkannten Standards immer wieder als kritisch hervorgehoben, da die Erfüllungs- und Rankingmechanismen aktueller Leitlinien auch dazu führen, dass sich in der Praxis hauptsächlich auf berichtbare Nachhaltigkeitsaktivitäten beschränkt wird.[458]

Da es bisher noch keinen allgemein anerkannten und qualitativ hochwertigen Standard im Bereich der Nachhaltigkeit gibt, sollte die Entwicklung eines Berichtsstandards demnach als erste Priorität behandelt werden, um eine zuverlässige Bewertung der Nachhaltigkeitsleistung zu ermöglichen. Denn erst auf dieser Basis werden weitere Schritte auf einer globalen Ebene realisierbar.

[458] Siehe Kapitel 3.5, S. 63 ff.

International anerkannte Standards existieren jedoch bereits in anderen Bereichen, beispielsweise in der zur Regelung von Jahres- und Konzernabschlüssen. Um Erfahrungswerte zu nutzen sowie eine Kompatibilität mit relevanten Berichten zu gewährleisten, wäre demnach eine Zusammenarbeit zur Entwicklung eines Nachhaltigkeitsberichtsstandards mit Institutionen wie dem IASB hilfreich. Die Anwendung des neuen internationalen Standards müsste dann, ähnlich wie die IFRS-Richtlinien, für Unternehmen verpflichtend werden.

Der Anstoß zu einem solchen Systemwandel müsste, wie in dem Zeitungsartikel der *Zeit* gefordert, aus eben den Ländern kommen, die die Industrierevolution auf Kosten der Umwelt in die Welt hinaus trugen.[459] Die Industrieländer (hauptsächlich Europa und Nordamerika) müssen nicht nur mit einem guten Beispiel vorangehen und andere Länder finanzieren, sondern vor allem die Schwellen- und Entwicklungsländer davon überzeugen, diesen neuen Weg mitzugehen. Denn auf globaler Ebene gibt es keine Patentlösungen, die für alle funktionieren können. Jedes Land muss einen individuellen Weg finden, mit den Herausforderungen der Zukunft umzugehen. Dabei ist vor allem die Berücksichtigung der sozialen, kulturellen und demografischen Dimension zu beachten, die mit den globalen Interessen eines funktionierenden Ökosystems in Einklang zu bringen sind.

Dabei sollte die Motivation zu einer nachhaltigen Entwicklung der Industrieländer jedoch nicht nur darauf basieren moralisch richtig handeln zu wollen, sondern vor allem auf dem Interesse der langfristigen Zukunftssicherung des aktuellen Wohlstandsniveaus. Denn mit dem aktuellen Ressourcenhunger sind die Industrienationen auf kurz- oder langfristige Sicht auf die Ressourcen anderer Länder angewiesen. Um zukünftigen nachteiligen Abhängigkeitsverhältnissen zuvorzukommen, liegt es also im Eigeninteresse der jeweiligen Staaten, als Vorbild voran zu gehen und dadurch Entwicklungs- und Schwellenländer davon zu überzeugen, den Weg einer globalen Lösung mitzugehen. Allerdings ist es bisher noch nicht gelungen, einen globalen Konsens zwischen den Industrienationen zu finden. Dafür ist ein starker Vorreiter nötig, der nicht nur die Initiative ergreift, sondern auch auf internationaler Ebene entsprechenden Einfluss hat, weitere Nationen zu vereinen. Viele

[459] Siehe Zitat Robinson (2014), S. 128 (Fußnote 454)

Experten sehen Deutschland in eben dieser Rolle[460] und auch die aktuelle Bundeskanzlerin prägt diese Sichtweise: „Welches andere Land, wenn nicht Deutschland, kann auf dem Weg zu mehr Nachhaltigkeit mutig vorangehen? Wann, wenn nicht jetzt, wollen wir damit beginnen?“[461]

Jetzt ist also der Zeitpunkt gekommen, in dem Deutschland seinen eigenen Ansprüchen gerecht werden und international die Vorreiterrolle einnehmen sollte, in der man sich selbst sieht und gesehen wird. Als bereits international anerkanntes Vorbild für Nachhaltigkeit und europäischer Wirtschaftsmotor hat Deutschland zurzeit den nötigen starken Einfluss, um eine globale Lösung auf den richtigen Weg zu bringen.

Im ersten Satz des Ethikkapitels (S. 6) wurde bereits herausgedeutet, dass die Möglichkeit (Freiheit) zu handeln, gleichzeitig auch eine Verpflichtung darstellt. Folgt man dieser Auffassung, so ist Deutschland gegenüber zukünftigen Generationen moralisch verpflichtet, sich als Vorreiter für eine globale nachhaltige Wirtschaft einzusetzen und somit eine Generationengerechtigkeit nach dem Nachhaltigkeitsverständnis zu ermöglichen.[462]

[460] Vgl. http://www.bne-portal.de/un-dekade/folgeaktivitaeten/bundestagsabgeordnete-zum-beschluss-bne-langfristig-zu-sichern/ [27.04.2014]

[461] http://www.nachhaltigkeitsrat.de/news-nachhaltigkeit/2011/2011-06-30/merkel-deutschland-muss-bei-nachhaltigkeit-vorreiter-sein/?blstr=0 [27.04.2014]

[462] Siehe Kapitel 3.1: Das Konzept der Nachhaltigkeit, S. 21 ff.

8 Thesenförmige Zusammenfassung

1. Unternehmen, die moralisch handeln möchten, befinden sich aufgrund marktwirtschaftlicher Zwänge häufig in einem Konflikt zwischen Moral und Gewinn.

2. Die Idee einer ökologisch und sozial nachhaltigen Entwicklung ist eine gesellschaftliche Querschnittsaufgabe, die über Interessen- und Kulturgegensätze hinweg nach Lösungsansätzen für eine überlebensfähige ökologische Zukunft sucht.

3. Nachhaltiges Wirtschaften ist, wenn die heutigen Bedürfnisse so bedient werden, dass künftige Generationen ihre eigenen Bedürfnisse unter den gleichen Grundsätzen erfüllen können (Übertragbarkeitskriterium). Demnach sind für ein dauerhaft friedliches und freies Zusammenleben folgende Voraussetzungen zu erfüllen:
   - Kapitalerhalt der Biosphäre
   - Faire Verteilung der Ressourcen

4. Mit dem aktuellen Konsumhunger befindet sich die Menschheit an einer Grenzüberziehung (Biokapazität - Ressourcenverbrauch < 0). An dieser Stelle gibt es lediglich zwei Wege zurück auf die Ebene der Nachhaltigkeit: Entweder den gesteuerten Niedergang (geordnete Einführung einer neuen Lösung) oder den Zusammenbruch (Zusammenbruch des Ökosystems). Sicher ist lediglich, dass eine Grenzüberschreitung nicht dauerhaft aufrechterhalten werden kann.

5. Der zur Bewertung eingesetzte Sustainable-Value-Ansatz ist vergleichsweise jung, wertorientiert und basiert auf einer Opportunitätskostenbetrachtung. Ein Unternehmen schafft einen nachhaltigen Mehrwert für die Gesellschaft (Sustainable Value), wenn ökonomische, ökologische und soziale Ressourcen effizienter eingesetzt werden als bei dem Benchmark. Mithilfe der Opportunitätskostenlogik kann der SVA die Nachhaltigkeitsleistung eines Unternehmens in

einer monetären Einheit sowie relativen Kennzahl wiedergeben, die unterschiedliche Unternehmensgrößen berücksichtigt.

6. Nicht alle untersuchten Indikatoren zur Bewertung der Nachhaltigkeitsleistung folgen der Effizienzlogik. Bei einigen Indikatoren, sind im Sinne der Nachhaltigkeit hohe Ressourceneinsätze gegenüber niedrigen vorzuziehen (z.B. Investitionen in Forschung und neue Anlagen). Auf Basis dieser Erkenntnis wurde das Bewertungskonzept zum modifizierten Sustainable Value Added weiterentwickelt.

7. Der modifizierte SVA kann bisherige Bewertungs- und Aggregationsproblematiken lösen. So ist es möglich, die drei Hauptpfeiler der Nachhaltigkeit (Ökonomie, Ökologie und Soziales) nicht nur differenziert zu betrachten, sondern auch integriert darzustellen. Dies vereinfacht ein Bewerten und Vergleichen der Nachhaltigkeitsleistung enorm.

8. Aktuelle Versuche, die Nachhaltigkeitsberichterstattung international zu standardisieren, weisen ein erhebliches Defizit in den Bereichen Datenqualität und Vergleichbarkeit auf. In diesem Zusammenhang ist das Fehlen eines international anerkannten Standards als kritisch hervorzuheben.

9. Die Qualität der zur Verfügung stehenden Daten hat einen großen Einfluss auf die Aussagekraft einer Bewertung sowie die Menge der solide und belastbar vorliegenden Indikatoren. Eine Analyse kann nur so gut, wie die Basis auf der sie aufbaut, sein.

10. Die Wahl der Indikatoren und des Benchmark haben einen großen Einfluss auf das Ergebnis und dessen Aussagekraft einer Bewertung.

11. Die Bewertung der Nachhaltigkeitsleistung der deutschen DAX30-Unternehmen zeigt, dass diese im Durchschnitt weniger nachhaltig arbeiten als die deutsche Volkswirtschaft. Dabei ist ein starker Negativtrend im Zeitraum zwischen 2010 und 2012 zu beobachten. Die stärksten Defizite bestehen beim Einsatz ökologischer Ressourcen.

Literaturverzeichnis

Albrecht, Peter (2005): Mannheimer Manuskripte zu Risikotheorie, Portfolio Management und Versicherungswirtschaft, Nr. 164, Universität Mannheim: Institut für Versicherungswissenschaften, Mannheim.

Alisch, Kathrin / Arentzen, Ute / Winter, Eggert (2004): Gabler Wirtschaftslexikon: A-D, 16. Auflage, Gabler Verlag, Wiesbaden.

Alparslan, Adem / Bächstädt, Karl-Heinz / Geldermann, Arnd (2007): Systeme und Kriterien des Finanzratings, In: Niggemann, Karl A. (Hrsg.) / Achleitner, Ann-Kristin / Everling, Oliver (2007): Finanzrating, Gabler Verlag, Wiesbaden.

Andrews-Speed, Philip / Bleischwitz, Raimund / Boersma, Tim / Johnson, Corey / Kemp, Geoffrey / VanDeveer, Stacy D. (2012): The Global Resource Nexus: The Struggles for Land, Energy, Food, Water, and Minerals, In: Transatlantic Academy, Washington DC.

Arnsfeld, Torsten / Peters, Heinz-Gerd / Wübben, Guido (2011): Sustainable Value in der Unternehmenssteuerung, In: Controller Magazin, September / Oktober 2011, Verlag für Controllingwissen, Wörthsee-Etterschlag, S. 80 – 85.

Bardt, Hubertus (2011): Indikatoren ökonomischer Nachhaltigkeit, Institut der deutschen Wirtschaft Köln Medien GmbH, Köln.

Baumgartner, Edgar / Greiwe, Stephanie / Schwarb, Thomas (2004): Die berufliche Integration von behinderten Personen in der Schweiz, Bundesamt für Sozialversicherung, Bern.

Baumgartner, Rupert J. / Bierdermann, Hubert (2009): Öko-Effizienz als Beitrag zur Nachhaltigkeit?, In: Baumgartner, Rupert J. / Bierdermann, Hubert / Zwainz, Markus (Hrsg.) (2009): Öko-Effizienz, Rainer Hampp Verlag, München.

Beiersdorf, Kati / Schwedler, Kristina (2013): Nachhaltigkeitsberichterstattung, In: Eppinger, Christoph / Zeyer, Fedor (Hrsg.) (2013): Erfolgsfaktor Rechnungswesen, Springer Verlag, Wiesbaden.

Bergius, Susanne (2013): Großinvestoren rund um den Globus fordern Verantwortung, In: http://www.handelsblatt.com/finanzen/boerse-maerkte/anlagestrategie/nachhaltigkeit-grossinvestoren-rund-um-den-globus-fordern-verantwortung/9215082.html, zuletzt abgerufen am 06.03.2014

Berkel, Karl / Herzog, Rainer (1997): Unternehmenskultur und Ethik, Sauer-Verlag, Heidelberg.

Birnbacher, Dieter / Hoerster, Norbert (1987): Texte zur Ethik, 6. Auflage, Deutscher Taschenbuch-Verlag, München.

Bulmann, Antje (2007): Mehrwert durch mehr Wert, Europäischer Hochschulverlag, Paderborn.

Carnau, Peter (2011): Nachhaltigkeitsethik: Normativer Gestaltungsgrundsatz für eine global zukunftsfähige Entwicklung in Theorie und Praxis, Rainer Hampp Verlag, München.

Carstensen, Kai / Wieland, Elisabeth (2013): Zur Diskussion gestellt: Wohlstand und Wachstum, In: ifo Schnelldienst 15/2013, S. 3 - 32.

Coffman, Makena / Umemoto, Karen (2010): The triple-bottom-line: framing of trade-offs in sustainability planning practice, In: Environment, Development and Sustainability, Ausgabe 12 (2010), Springer Science+Business Media, Dordrecht, S. 597 - 610

Colsman, Bernhard (2013): Nachhaltigkeitscontrolling: Strategien, Ziele, Umsetzung, Springer Gabler Verlag, Wiesbaden.

Czymmek, Frank (2003): Ökoeffizienz und unternehmerische Stakeholder, EUL Verlag, Köln.

Czymmek, Frank (2004): Nutzen der Ökoeffizienz-Analyse für Banken, In: Zeitschrift für das gesamte Kreditwesen, 12/2004, Knapp Verlag, Frankfurt, S. 34 - 37.

Dehmer, Dagmar (2014): Das Welt ist noch zu retten - und das ist gar nicht so teuer, In: http://www.tagesspiegel.de/politik/weltklimabericht-das-welt-ist-noch-zu-retten-und-das-ist-gar-nicht-so-teuer/9758312.html, zuletzt abgerufen am 14.04.2014

Dubielzig, Frank (2009): Sozio-Controlling im Unternehmen, Gabler Verlag, Wiesbaden.

Dudenverlag: http://www.duden.de

Epstein, Marc J. (2008): Making Sustainability Work, Greenleaf Publishing Limited, Sheffield, UK.

Endres, Alexandra (2014): Die Politik kann RWE nicht retten, In: http://www.zeit.de/wirtschaft/unternehmen/2014-03/rwe-verlust-abhaengigkeit-kohle, zuletzt abgerufen am 26.03.2014

Enste, Dominik H. (2012): Unternehmen geben Milliarden, In: http://www.iwkoeln.de/en/infodienste/iwd/archiv/beitrag/freiwilliges-engagement-unternehmen-geben-milliarden-89116, zuletzt abgerufen am 21.03.2014

Faust, Thomas (2003): Organisationskultur und Ethik: Perspektiven für öffentliche Verwaltungen, TENEA Verlag, Berlin.

Fetzer, Joachim (2004): Die Verantwortung der Unternehmung: Eine wirtschaftsethische Rekonstruktion, Gütersloher Verl-Haus, Gütersloh.

Figge, Frank / Hahn, Tobias (2004): Sustainable Value Added – Ein neues Maß des Nachhaltigkeitsbeitrags von Unternehmen am Beispiel der Henkel KGaA, In: DIW Berlin Vierteljahrshefte zur Wirtschaftsforschung 73 (2004), 1, Berlin, S. 126–141

Fischer, Simone (2013): The KPMG Survey of Corporate Responsibility Reporting 2013, KPMG AG Wirtschaftsprüfungsgesellschaft AG, In: http://www.kpmg.com/DE/de/Bibliothek/2013/Seiten/kpmg-survey-of-corporate-responsibility-reporting.aspx, zuletzt abgerufen am 02.01.2014

Fonari, Alexander (2005): Kein 'Standard', sondern 'Lernforum': Der Global Compact, In: Bussler, Christian / Fonari, Alexander (Hrsg.) (2005): Sozial- und Umweltstandards bei Unternehmen: Chancen und Grenzen, Germanwatch Regionalgruppe Münchner Raum, München

Freeman, R. Edward / Harrison, Jeffrey S. / Wicks, Andrew C. / Parmar, Bidhan, De Colle, Simone (2010): Stakeholder Theory: The state of the art, Cambridge Verlag, Cambridge.

Gehring, Uwe / Weins, Conelia (2009): Grundkurs Statistik für Politologen und Soziologen, 5. Auflage, Verlag für Sozialwissenschaften, Wiesbaden.

Giese, Nicole / Godemann, Jasmin / Herzig, Christian / Hetze, Katharina (2012): Internetgestützte Nachhaltigkeitsberichterstattung – Ein Update zu Trends in der Berichterstattung von Unternehmen des DAX30, In: http://www.leuphana.de/fileadmin/user_upload/PERSONALPAGES/_efgh/faasch_helmut/files/DAX30Studie_Endversion_final.pdf, zuletzt abgerufen am 18.03.2014

Göbel, Elisabeth (2010): Unternehmensethik, 2. Auflage, Lucius & Lucius Verlag, Stuttgart.

Gontovas, Monica (2013): Leitfaden zur gesellschaftlichen Verantwortung – wie weiter?, In: http://www.snv.ch/de/newsletter-alle-ausgaben/ausgabe-2013-02/sitzungsbericht-iso-26000/#c3092, zuletzt abgerufen am 18.12.2013

Gray, Edmund R. / Balmer, John M. T. / Fukukawa, Kyoko (2007): The Nature and Management of Ethical Corporate Identity: A Commentary on Corporate Identity, Corporate Social Responsibility and Ethics, In: Journal of Business Ethics, 2007: 76, Springer Science+Business Media, Dordrecht, S. 7-15

Greilinger, Dorothea / Ther, Daniela (2010): Leistungsfähigkeit des Sustainable Value-Ansatzes als Instrument des Sustainability Controlling, In: Prammer, Karl-Heinz (Hrsg.) (2010): Corporate Sustainability, Gabler Verlag, Wiesbaden, S. 38 - 67.

Hahn, Alexander (2014): Das Phänomen Osterinsel im globalen Großversuch, In: http://wirtschaftsblatt.at/home/meinung/1562967/Das-Phaenomen-Osterinsel-im-globalen-Grossversuch, zuletzt abgerufen am 14.04.2014

Hahn, Tobias / Liesen, Andrea (2007): Nachhaltig erfolgreich Wirtschaften: Eine Untersuchung der Nachhaltigkeitsleistung deutscher Unternehmen mit dem Sustainable-Value-Ansatz, Institut für Zukunftsstudien und Technologiebewertung, Berlin.

Hahn, Rüdiger / Lülfs, Regina (2013): Legitimizing Negative Aspects in GRI-Oriented Sustainability Reporting, In: Journal of Business Ethics, 09 August 2013, Springer Science+Business Media, Dordrecht.

Hardtke, Arnd (2010): Das CSR-Universum, In: Hardke, Arnd / Kleinfeld Annette (Hrsg). (2010): Gesellschaftliche Verantwortung von Unternehmen, Gabler Verlag, Wiesbaden, S. 13 – 70.

Hartmann, Nicolai (1962): Ethik, 4. Auflage, de Gruyter Verlag, Berlin.

Henle, Benjamin (2008): Nachhaltigkeit messen: Soziale Indikatoren für Finanzdienstleister, Oekom Verlag, München

Hirschnitz-Garbers, Martin / Montevecchi, Francesca / Martinuzzi, Robert-André (2013): Resource Efficiency. In: Idowu, S.O.(Hrsg.) / Capaldi, N. / Zu, L. / Das Gupta, A. (2013): Encyclopedia of Corporate Social Responsibility, Springer Verlag, Berlin.

Höffe, Otfried (1979): Ethik und Politik: Grundmodelle und -probleme der praktischen Philosophie, Suhrkamp Verlag, Frankfurt.

Höffe, Otfried (1981): Sittlich-politische Diskurse: philosophische Grundlagen, politische Ethik, biomedizinische Ethik, Suhrkamp Verlag, Frankfurt.

Homann, Karl / Blome-Drees, Franz (1992): Wirtschafts- und Unternehmensethik, UTB-Verlag, Stuttgart.

Idowu, Samuel O. / Louche, Céline (2011): Theory and Practice of Corporate Social Responsibility, Springer-Verlag, Berlin.

Jackson, Tim (2009): Prosperity Without Growth: Economics for a Finite Planet, Earthscan, London.

Jones, Thomas M. / Quinn, Dennis P. (1995): An Agent Morality View of Business Policy, In: The Academy of Management Review, Vol. 20, No. 2 (Apr., 1995), S. 404-437.

Kant, Immanuel (1974): Zum ewigen Frieden. Ein philosophischer Entwurf, In: Weischedel, Wilhelm (Hrsg.), Immanuel Kant: Werke in zwölf Bänden, Band 11, Suhrkamp Verlag, Frankfurt am Main.

Kessler, Gregor (2014): Bilanz im Blackout, In: http://www.greenpeace.de /themen/energiewende/gefangen-in-der-vergangenheit, zuletzt abgerufen am 26.03.2014

Kicherer, Andreas / Schaltegger, Stefan / Tschochohei, Heinrich / Ferreira Pozo, Beatriz (2007): Eco-Efficiency, In: The International Journal of Life Cycle Assessment, Ausgabe 12(7), S. 537 – 543.

Kissick, W. Peter (2012): Business ethics: concepts, cases, and Canadian perspectives, Emond Montgomery Publications Limited, Emond

Kluger, Jeffrey (2011): The Psychology of Environmentalism: How the Mind Can Save the Planet, In: science.time.com/2011/04/20/the-psychology-of-environment alism-how-the-mind-can-save-the-planet, 14.04.2014.

Kolbeck, Felix (1997): Entwicklung eines integrierten Umweltmanagementsystems, Rainer Hampp Verlag, München.

Kunze, Max (2008): Unternehmensethik und Wertemanagement in Familien- und Mittelstandsunternehmen, Gabler Verlag, Wiesbaden

Lackmann, Julia (2010): Die Auswirkungen der Nachhaltigkeitsberichterstattung auf den Kapitalmarkt, Gabler Verlag, Wiesbaden.

Malik, Khalid et al. (2013): Bericht über die menschliche Entwicklung 2013: Der Aufstieg des Südens, United Nations Development Programme (UNDP), New York.

Martinuzzi, André / Zwirner, Wilhelm (2010): Transformational CSR: Lern- und Dialogfähigkeit als strategische Wettbewerbsfaktoren nachhaltigen Wirtschaftens, In: Prammer, Karl Heinz (Hrsg.) (2010): Corporate Sustainability: Der Beitrag von Unternehmen zu einer nachhaltigen Entwicklung in Wirtschaft und Gesellschaft, Gabler Verlag, Wiesbaden, S. 155-174

Milne, Markus J. / Gray, Rob (2012): W(h)ither Ecology? The Triple Bottom Line, the Global Reporting Initiative, and Corporate Sustainability Reporting, In: Journal of Business Ethics, November 2012, Springer Science+Business Media, Dordrecht

Meulemann, Heiner (2013): Soziologie von Anfang an, 3. Auflage, Springer Verlag, Wiesbaden.

Milne, Markus J. / Byrch, Christine (2011): Sustainability, Environmental Pragmatism and the Triple Bottom Line: Good Question, Wrong Answer?, Paper submitted to the 10th CSEAR Australasian Conference, In: http://www.utas.edu.au/__data/assets/pdf_file/0005/188492/Milne_Byrch.pdf, zuletzt abgerufen am 09.01.2014

Moneva, José M. / Archel, Pablo / Correa, Carmen (2006): GRI and the camouflaging of corporate unsustainability, In: Accounting Forum 30 (2006), Elsevier Limited, Oxford, UK, S. 121 - 137.

Müller, Armin (2011): Nachhaltigkeits-Controlling, In: Hofbauer, Günter (Hrsg.) (2011): Markt- und wertorientierte Unternehmensführung, Band 6, Nachhaltigkeits-Controlling, uni-edition GmbH, Berlin.

Müller, Martin / Schaltegger, Stefan (2008): Corporate Social Responsibility: Trend oder Modeerscheinung, Oekom Verlag, München.

Müller-Christ, Georg (2011): Sustainable Management: Coping with the Dilemmas of Resource-Oriented Management, Springer-Verlag, Berlin.

Norman, Wayne / MacDonald, Chris (2003): Getting to the Bottom of "Triple Bottom Line", Business Ethics Quarterly, In: isites.harvard.edu/fs/docs/icb.topic549945.files/Canadian%20Paper.pdf, zuletzt abgerufen am 31.12.2013

o.V. (o.J.): [BASF] Was ist Ökoeffizienz?, http://www.basf.com/group/corporate/de/sustainability/eco-efficiency-analysis/what-is, zuletzt abgerufen am 12.12.2013

o.V. (o.J.): [Bildung für nachhaltige Entwicklung] http://www.bne-portal.de/un-dekade/folgeaktivitaeten/bundestagsabgeordnete-zum-beschluss-bne-langfristig-zu-sichern/, zuletzt abgerufen am 27.04.2014

o.V. (o.J.): [BMBF] Deutschland investiert mehr in die Zukunft als je zuvor, http://www.bmbf.de/de/6075.php, zuletzt abgerufen am 20.03.2014

o.V. (o.J.): [dasWirtschaftslexikon] Sachanlagen, http://www.daswirtschaftslexikon.com/d/sachanlagen/sachanlagen.htm, zuletzt abgerufen am 20.03.2014

o.V. (o.J.): [Deutsches Global Compact Netzwerk] Nachhaltige und verantwortungsvolle Unternehmensführung - Weltweit, http://www.globalcompact.de/themen/deutsches-global-compact-netzwerk, zuletzt abgerufen am 16.12.2013

o.V. (o.J.): [GRI] https://www.globalreporting.org/languages/german/Pages/default.aspx, zuletzt abgerufen am 20.12.2013

o.V. (o.J.): [Statistisches Bundesamt] Wöchentliche Arbeitszeit, https://www.destatis.de/DE/ZahlenFakten/Indikatoren/QualitaetArbeit/Dimension3/3_1_WoechentlicheArbeitszeit.html, zuletzt abgerufen am 19.03.2014

o.V. (o.J.): [Wirtschaftslexikon] Internationaler Dollar, http://www.wirtschaftslexikon.co/d/internationaler-dollar/internationaler-dollar.htm, zuletzt abgerufen am 26.04.2014

o.V. (o.J.): [UN Global Compact] Die Zehn Prinzipien, http://www.unglobalcompact.org/Languages/german/die_zehn_prinzipien.html, zuletzt abgerufen am 16.12.2013

o.V. (1987): [WCED] Report of the World Commission on Environment and Development: Our Common Future, In: http://www.un-documents.net/our-common-future.pdf, zuletzt abgerufen am 29.04.2014

o.V. (2001): [Europäische Kommission] Grünbuch: Europäische Rahmenbedingungen für die soziale Verantwortung der Unternehmen, KOM (2001) 366 endgültig, Brüssel.

o.V. (2002): [Europäische Kommission] Mitteilung betreffend die soziale Verantwortung der Unternehmen: ein Unternehmensbeitrag zur nachhaltigen Entwicklung, KOM (2002) 347 endgültig, Brüssel.

o.V. (2008): [Spada] Environmental Reporting: Trends in FTSE 100 Sustainability Reports, Spada Limited, In: http://www.spada.co.uk/wpcontent/uploads/2008/11/ environmental-reporting-spada-white-paper.pdf, zuletzt abgerufen am 03.01.2014

o.V. (2011): [BMAS] Die DIN ISO 26000 „Leitfaden zur gesellschaftlichen Verantwortung von Organisationen“, Bundesministerium für Arbeit und Soziales (BMAS), Stand: November 2011, Beuth Verlag GmbH, Berlin.

o.V. (2011): [DIN ISO 26000]:2011-01 – Leitfaden zur gesellschaftlichen Verantwortung (ISO 26000:2010). Beuth Verlag, Berlin.

o.V. (2011): [Europäische Kommission: A] Eine neue EU-Strategie (2011-14) für die soziale Verantwortung der Unternehmen (CSR), KOM (2011) 681 endgültig, Brüssel.

o.V. (2011): [Europäische Kommission: B] Fahrplan für ein ressourcenschonendes Europa, KOM(2011) 571 endgültig, Brüssel.

o.V. (2011): [Rat für Nachhaltige Entwicklung] Merkel: Deutschland muss bei Nachhaltigkeit Vorreiter sein, In: http://www.nachhaltigkeitsrat.de/news-nachhaltigkeit/ 2011/2011-06-30/merkel-deutschland-muss-bei-nachhaltigkeit-vorreiter-sein/?blstr=0, zuletzt abgerufen am 27.04.2014

o.V. (2012): [Monopolkommission] Anlage B zum Neunzehnten Hauptgutachten der Monopolkommission gemäß § 44 Abs. 1 Satz 1 GWB 2010/2011, In: http://www.monopolkommission.de/haupt_19/anlage_b.pdf, zuletzt abgerufen am 10.03.2014

o.V. (2011): [OECD] OECD-Leitsätze für multinationale Unternehmen: AUSGABE 2011, OECD Publishing, In: http://dx.doi.org/ 10.1787/9789264122352-de, zuletzt abgerufen am 29.04.2014

o.V. (2011): [UNEP] International Resource Panel: Decoupling, United Nations Environment Programme (UNEP), New York.

o.V. (2012): [BMWi] Verantwortliches unternehmerisches Handeln im Ausland: Die OECD-Leitsätze für multinationale Unternehmen, Stand: Juli 2012, Bundesministerium für Wirtschaft und Technologie (BMWi), Öffentlichkeitsarbeit/LB2, Berlin.

o.V. (2012): [Rat für nachhaltige Entwicklung], Der Deutsche Nachhaltigkeitskodex, In: http://www.nachhaltigkeitsrat.de/uploads/media/RNE_Der_Deutsche_Nachhaltig keitskodex_DNK_texte_Nr_41_Januar_2012.pdf, zuletzt abgerufen am 17.12.2013

o.V. (2012): [Sage] brief guide to corporate social responsibility, Sage Publications, Los Angeles.

o.V. (2012): [Union Investment] Nachhaltige Geldanlagen werden für immer mehr Investoren attraktiv, In: http://institutional.union-investment.de/docme/presse/ 4f5771aa523ee2a7a1d32ca08dae757c.0.0/Nachhaltige_Geldanlagen_werden_fuer_i mmer_mehr_Investoren_attraktiv_20.04.2012.pdf, zuletzt abgerufen am 06.03.2014

o.V. (2012): [WWF] Living Planet Report 2012: Biodiversität, Biokapazität und neue Wege, E & B Engelhardt und Bauer Druck und Verlag, Karlsruhe

o.V. (2013): [BMBF] Report on Vocational Education and Training 2013, Bundesministerium für Bildung und Forschung, Bonn.

o.V. (2013): [BMF] Entfernungspauschalen - Steuervereinfachungsgesetz 2011 vom 1. November 2011 (BGBl. 2011 Teil I Seite 2131), http://www.bundesfinanzministerium.de/Content/DE/Downloads/BMF_Schreiben/Ste uerarten/Lohnsteuer/2013-01-03-entfernungspauschalen.pdf?__blob=publication File&v=2, zuletzt abgerufen am 19.03.2014

o.V. (2013): [Bundesagentur für Arbeit] Der Arbeitsmarkt für schwerbehinderte Menschen, Bundesagentur für Arbeit, Nürnberg.

o.V. (2013): [CDP] Global 500 Climate Change Report 2013, Carbon Disclosure Project, London.

o.V. (2013): [DGUV] DGUV-Statistiken für die Praxis 2012, Deutsche Gesetzliche Unfallversicherung, Berlin.

o.V. (2013): [GRI: A] The GRI Sustainability Reporting Guidelines: Main Features G4, Global Reporting Initiative, In: https://www.globalreporting.org/resourcelibrary/main-features-of-g4.pdf, zuletzt abgerufen am 31.12.2013

o.V. (2013): [GRI: B] G4 Sustainability Reporting Guidelines: Reporting principles and standard disclosures, Global Reporting Initiative, In: https://www.globalreporting.org/resourcelibrary/GRIG4-Part1-Reporting-Principles-and-Standard-Disclosures.pdf, zuletzt abgerufen am 30.12.2013

o.V. (2013): [GRI C] G4 Sustainability Reporting Guidelines: Implementation manual, Global Reporting Initiative, In: https://www.globalreporting.org/resourcelibrary/GRIG4-Part2-Implementation-Manual.pdf, zuletzt abgerufen am 30.12.2013

o.V. (2013): [IASplus] GRI veröffentlicht G4-Richtlinien, http://www.iasplus.com/de/news/2013/mai/gri, zuletzt abgerufen am 30.12.2013

o.V. (2013): [Lexikon der Nachhaltigkeit] Nachhaltigkeitslinie: ISO 26000, http://www.nachhaltigkeit.info/artikel/nachhaltigkeitsstandard_iso_26000_1565.htm, zuletzt abgerufen am 18.12.2013

o.V. (2013): [Stifterverband] FuE-Datenreport 2013 - Analysen und Vergleiche, Wissenschaftsstatistik GmbH, Essen.

o.V. (2014): [BIH Integrationsämter] Einstellung eines schwerbehinderten Menschen, zuletzt abgerufen am 20.03.2014

o.V. (2014): [BMBF] Berufsbildungsbericht 2014 - Der Ausbildungsmarkt verändert sich, zuletzt abgerufen am 19.03.2014

Paech, Niko (2012): Nachhaltiges Wirtschaften jenseits von Innovationsorientierung und Wachstum, 2. Auflage, Metropolis-Verlag, Marburg.

Pampel, Jochen R. / Fischer, Simon / Hell, Christian (2012): KPMG-Handbuch zur Nachhaltigkeitsberichterstattung, KPMG AG Wirtschaftsprüfungsgesellschaft AG, In: http://www.kpmg.com/DE/de/Documents/KPMG-Handbuch-Nachhaltigkeitsberichter stattung.pdf, zuletzt abgerufen am 17.12.2013

Pampel, Jochen R. (2013): Sustainability Update August 2013, KPMG AG Wirtschaftsprüfungsgesellschaft AG, In: http://www.kpmg.com/DE/de/Documents/ kpmgs-sustainability-update-august-2013.pdf, zuletzt abgerufen am 30.12.2013

Paetzmann, Karsten (2012): Corporate Governance, 2. Auflage, Springer Verlag, Berlin.

Pech, Justinus C. (2007): Bedeutung der Wirtschaftsethik für die marktorientierte Unternehmensführung, Deutscher Universitäts-Verlag, Wiesbaden.

Pellens, Bernhard (2006): Internationale Rechnungslegung, 6. Auflage, Schäffer-Poeschel Verlag, Stuttgart.

Quick, Reiner / Knocinski, Martin (2006): Nachhaltigkeitsberichterstattung: Empirische Befunde zur Berichterstattungspraxis von HDAX-Unternehmen, In: Zeitschrift für Betriebswirtschaft, ZfB 76. Jg. (2006), Heft 6, S. 615 - 650

Randers, Jørgen (2013): 2052: der neue Bericht an den Club of Rome, 2.Auflage, Oekom Verlag, München.

Reuter, Marita / Blees, Thomas (2013): KPMG-Studie: Nachhaltigkeitsberichterstattung hat sich weltweit durchgesetzt, In: http://www.kpmg.com/DE/de/Bibliothek/presse/Seiten/nachhaltigkeitsberichterstattun g-hat-sich-weltweit-durchgesetzt.aspx, zuletzt abgerufen am 10.12.2013

Ribbeck, Eckhart (2008): Human Development Index (HDI), In: http://www.bpb.de/themen/26G2CN,0,0,Human_Development_Index_(HDI).html, zuletzt abgerufen am 26.04.2014

Robinson, Mary (2014): Europa kann die Welt retten. http://www.zeit.de/2009/23/DOS-Osterinsel/komplettansicht, zuletzt abgerufen am 14.04.2014.

Rohm, Manfred (2010): Corporate Responsibility im Trend, Diplomatica Verlag, Hamburg.

Schaltegger, Stefan / Müller, Martin (2008): CSR zwischen unternehmerischer Vergangenheitsbewältigung und Zukunftsgestaltung, In: Müller, Martin / Schaltegger, Stefan (2008): Corporate Social Responsibility: Trend oder Modeerscheinung, Oekom Verlag, München.

Schaltegger, Stefan / Hörisch, Jacob / Windolph, Sarah Elena / Harms, Dorli (2012): Corporate Sustainability Barometer 2012, Center for Sustainability Management, In: http://www2.leuphana.de/csm/CorporateSustainabilityBarometer2012.pdf, zuletzt abgerufen am 02.01.2014

Schillinger, Falk (2010): Corporate Social Responsibility in der Unternehmenskommunikation, Nautilius Politikberatung, www.nautilus-politikberatung.de/main/request.php?103, zuletzt abgerufen am 28.11.2013.

Schneider, Andreas / Schmidpeter, René (2012): Corporate Social Responsibility, Springer-Verlag, Berlin.

Sitzler, Stephan (2013): Unternehmensethik und Corporate Social Responsibility: Empirische Untersuchung der Einstellung von Führungskräften zum Thema CSR, Diplomatica Verlag, Hamburg.

Söllner, Albrecht (2008): Einführung in das Internationale Management - Eine institutionenökonomische Perspektive, Gabler Verlag, Wiesbaden.

Springer Gabler Verlag: http://wirtschaftslexikon.gabler.de

Sridhar, Kaushik / Jones, Grant (2013): The three fundamental criticisms of the Triple Bottom Line approach: An empirical study to link sustainability reports in companies based in the Asia-Pacific region and TBL shortcomings, In: Asian Journal of Business Ethics, 2013: 2, Springer Science+Business Media, Dordrecht, S. 91-111.

Statistisches Bundesamt: https://www.destatis.de

Steinmann, Horst / Löhr, Albert (1994): Grundlagen der Unternehmensethik, Carl Ernst Poeschel Verlag, Stuttgart.

Suchanek, Andreas (2008): Die Relevanz der Unternehmensethik im Rahmen der Betriebswirtschaftslehre. In: Patzer, Moritz (Hrsg.) (2008): Betriebswirtschaftslehre und Unternehmensethik, Gabler Verlag, Wiesbaden

Tschandl, Martin / Posch, Alfred (2012): Integriertes Umweltcontrolling, 2. Auflage, Gabler Verlag, Wiesbaden.

Ulrich, Peter (1988): Wirtschaftsethik als Wirtschaftswissenschaft, Institut für Wirtschaftsethik der Hochschule St. Gallen, Beiträge und Berichte 23/1988.

Ulrich, Peter (2008): Integrative Wirtschaftsethik, 4. Auflage, Haupt Verlag, Bern.

Ulshöfer, Gotlind / Bonnet, Gesine (2009): Corporate Social Responsibility auf dem Finanzmarkt, VS Verlag für Sozialwissenschaften, Wiesbaden.

Wackernagel, Mathias / Borucke, Michael / Galli, Alessandro / Iha, Katsunori / Lazarus, Eli / Mattoon, Scott / Morales, Juan Carlos / Poblete, Pati (2013): The National Footprint Accounts, 2012 edition, Global Footprint Network, Oakland, CA, USA.

Wicks, Andrew C. / Freeman, R. Edward / Werhane, Patricia H. / Matrin, Kirsten E. (2010): Business ethics: A managerial approach, Person Education, New Jersey.

Wirsam, Jan (2013): Evaluation and Content Analysis of the DAX-30-CSR-reports within the Period from 2007-2009, In: Kersten, W. / Wittmann, J. (Hrsg.) (2013): Kompetenz, Interdisziplinarität und Komplexität in der Betriebswirtschaftslehre, Springer Fachmedien, Wiesbaden.

Anhang

Verzeichnis der Anlagen

Der Anhang ist auf der Verlagshomepage (http://www.eul-verlag.de/pdf-wz/9783844103663_Anhang.pdf) hinterlegt, um dort die vielseitigen und flexiblen Möglichkeiten der multimedialen Darstellung zu nutzen.

EINZELSCHRIFTEN

Daniel Gavranović

Strategisches Controlling auf Basis quantifizierender Kalküle im Projekt- und Bereichsbezug – Produktprojekte und Standortalternativen als Objekte der Prognose und Vorteilhaftigkeitsanalyse

Lohmar – Köln 2014 • 368 S. • € 64,- (D) • ISBN 978-3-8441-0353-3

Sven Seehausen

Kapitalstrukturentscheidungen in kleinen und mittleren Unternehmen

Lohmar – Köln 2014 • 376 S. • € 65,- (D) • ISBN 978-3-8441-0354-0

Jan Klaus Tänzler

Corporate Governance und Corporate Social Responsibility im deutschen Mittelstand – Ein empirischer Vergleich mittelständischer Unternehmen mit unterschiedlichem Familieneinfluss

Lohmar – Köln 2014 • 212 S. • € 55,- (D) • ISBN 978-3-8441-0355-7

Jürgen Dost

Arbeit, Führung und Gesundheit – Entwicklung, Überprüfung und Anwendung eines Acht-Faktoren-Modells gesunder Führung

Lohmar – Köln 2014 • 420 S. • € 67,- (D) • ISBN 978-3-8441-0356-4

Verena Joepen

Ein datenbankgestütztes Vertragsmanagementmodell zur Entscheidungsunterstützung im Beschaffungsmanagement

Lohmar – Köln 2014 • 228 S. • € 55,- (D) • ISBN 978-3-8441-0361-8

Björn Hermelink

Untersuchungen zur endokrinologischen Regulation der Gonadenreifung von Zandern *(Sander lucioperca)* durch exogene Faktoren zur kontrollierten Reproduktion bei Haltung in Warmwasserkreislaufanlagen

Lohmar – Köln 2014 • 188 S. • € 48,- (D) • ISBN 978-3-8441-0363-2

Marc Jizba

Die Nachhaltigkeitsleistung der deutschen DAX30-Unternehmen – Eine kritische Bewertung des Status Quo mit Hilfe des Sustainable-Value-Added-Konzepts

Lohmar – Köln 2014 • 172 S. • € 48,- (D) • ISBN 978-3-8441-0366-3

JOSEF EUL VERLAG